OpenClaw
零门槛上手
养只“龙虾”替你干活

孙志华　李依凝◎编著

化学工业出版社
·北京·

内容提要

本书以 OpenClaw 为核心，以 KimiClaw、MiniClaw、QQClaw 等国产方案为补充，构建了以"Prompt（提示词）+ Skills（技能）+ MCP"三层架构为核心主线，从原理到实战，系统拆解可执行 Agent（智能体）的完整构建逻辑。书中不仅提供了四类高复用性的 Prompt 模板、三类核心 Skills 开发模板以及完整的 MCP 服务封装流程，还通过可直接落地的代码与配置示例，让读者在短时间内搭建出真正可运行的智能体系统，实现从"AI 聊天工具使用者"到"AI 自动化系统构建者"的能力跃升。

本书具有鲜明的实战导向和企业级落地能力。全书围绕真实工作场景进行设计，从 Agent 能力构建到企业系统接入，全面覆盖飞书、企业微信、QQ 三大协作平台的集成方案，并提供机器人模式、应用模式、流程触发模式三种企业级部署方式，助力读者将智能体真正融入团队协作流程。同时，书中还系统讲解任务完成率、用户满意度、耗时等核心评估指标以及持续迭代方法，帮助读者构建能够长期稳定运行的 Agent 系统。本书不仅是一套完整的 Agent 开发实战教程，更是一套可复制的 AI 自动化工作流搭建方法论，提供了一条从零到一打造"能真正发挥作用的 Agent"的清晰路径。

图书在版编目(CIP)数据

OpenClaw零门槛上手 ： 养只"龙虾"替你干活 / 孙志华，李依凝编著. -- 北京 ： 化学工业出版社，2026. 3. -- ISBN 978-7-122-50358-9

Ⅰ. TP18

中国国家版本馆CIP数据核字第202649P7X0号

责任编辑：杨　倩　　　　封面设计：异一设计
责任校对：宋　玮　　　　装帧设计：盟诺文化

出版发行：化学工业出版社（北京市东城区青年湖南街13号　邮政编码100011）
印　　装：河北延风印务有限公司
710mm × 1000mm　1/16　印张$14^1/_4$　字数246千字　2026年3月北京第1版第1次印刷

购书咨询：010-64518888　　　　售后服务：010-64518899
网　　址：http://www.cip.com.cn
凡购买本书，如有缺损质量问题，本社销售中心负责调换。

定　　价：79.00元　　

前言

PREFACE

过去两年，大语言模型的快速发展让人工智能真正走进了大众视野。从对话问答、内容生成，到编程辅助、数据分析，越来越多的人开始在日常工作中使用AI。然而，在实际应用中，很多人很快就会发现一个普遍存在的问题：AI很聪明，但很难真正“替你干活”。它可以给出建议、生成文本、回答问题，却很难稳定地完成一项完整任务，更难长期、自动地在真实业务环境中运行。究其原因，并不在于模型能力不足，而在于绝大多数AI应用仍停留在Prompt（提示词）对话阶段。当任务复杂度提升，步骤增多，需要调用外部工具或访问真实数据时，仅靠Prompt已经难以支撑稳定的自动化执行。如何让AI从“会聊天”进化为“能执行任务的Agent（智能体）”，正成为人工智能应用领域最重要的转折点之一。

在这样的背景下，Agent技术正在成为AI应用的核心方向。越来越多的企业与开发者开始意识到，未来真正改变生产效率的，并不是单次对话式AI，而是能够持续执行任务、调用工具、访问数据，并与人协同工作的智能体系统。然而，对于很多学习者来说，从“使用AI”迈向“构建Agent”仍然存在明显门槛：Prompt设计难以控制复杂任务逻辑，外部API调用杂乱无序，工具集成缺乏统一标准，智能体很难稳定落地到真实工作场景。这些问题不仅困扰着技术初学者，也困扰着许多正在尝试将AI落地到企业流程的团队。因此，一本能够系统讲清Agent核心架构、工具调用机制以及企业级集成方法的实战型书籍变得尤为必要。

本书基于OpenClaw框架展开教学，该框架采用模块化设计，对Prompt、Skills与MCP进行了清晰分层，使读者能够快速理解Agent系统的整体结构，并将其应用到不同项目之中。配合本地部署方案以及ArkClaw、Kimi Claw、MaxClaw、QQClaw等国产生态方案，读者不仅能够理解Agent系统的运行逻辑，还可以在真实环境中完成部署与实践。与许多停留在概念介绍或单一框架讲解的AI书籍不同，本书更加注重可落地、可复用、可扩展。书中不仅提供多种Prompt模板、Skills开发模板和MCP服务封装示例，还结合实际应用场景展示完整配置流程，使读者能够在较短时间内搭建出可以实际运行的智能体系统。

为了让读者真正具备构建和部署智能体的能力，本书在结构设计上遵循“从理解原理，到构建能力，再到真实落地”的学习路径。首先，本书从Agent架构出发，帮助读者理解为什么单纯依赖Prompt难以完成复杂任务，以及如何设计面向执行的Prompt结构。随后，通过Skills开发实战，让读者学会将API、数据操作和业务逻辑封装为可复用能力模块。接着，通过MCP协议实现统一工具接入，使智能体能够稳定调用外部服务。在此基础上，本书进一步展示了如何将Agent真正嵌入日常工作平台，包括飞书、企业微信和QQ等主流协作工具，构建可以在群聊中响应指令、自动处理任务、持续运行的智能助手。最后，通过效果评估与迭代方法，帮助读者建立持续优化智能体系统的能力，使其能够长期稳定运行。

人工智能的发展正在经历一个重要转变：从“人与AI对话”走向“AI替人执行任务”。未来的工作方式，很可能由大量协作型智能体组成，它们能够自动处理信息、调用工具、完成任务，并与人类形成新的协作模式。对于开发者、产品经理、技术管理者，及普通职场用户来说，理解并掌握Agent构建方法，将成为未来人工智能时代的重要能力之一。

希望本书能够成为读者进入Agent世界的一把钥匙。通过本书的学习，你不仅能够理解智能体系统的核心原理，更能够亲手构建一个真正可以“自己干活”的AI助手，让人工智能从工具变成真正的工作伙伴。

孙志华

目录

CONTENTS

第1篇　核心基石：从Prompt到可执行Agent

第2篇 能力构建：创建与整合Skills

第3篇　集成到飞书、企业微信与QQ

第4篇　部署与迭代，让Agent稳定运行

第1篇

核心基石：
从 Prompt 到可执行 Agent

第1章 快速理解：什么是能“干活”的Agent

初次接触大型语言模型时，人们常被其流畅的回答和广博的知识所震撼。兴奋过后却会发现，这些看似全知全能的AI竟然连最简单的实际任务都无法完成。它能详尽描述整理文件、发送邮件等流程，实际操作时却只能纸上谈兵。这种从“会说”到“会做”的巨大落差，正是当前AI应用的核心困境。接下来我们将讲解如何通过智能体技术跨越这一鸿沟，从剖析Prompt（提示词）工程的局限开始，解析智能体的核心架构，最终理解OpenClaw等框架如何将AI从聊天伙伴转变为能实际工作的数字员工，重新认识AI在现实中的潜力与边界。

1.1 为什么你的AI只会聊天，不会办事

1.1.1 Prompt的极限：复杂任务为何失控

在人工智能普及的今天，用户与大型语言模型的主要交互方式是通过提示词。精心设计的提示词可生成邮件、总结文章或编写代码，这种直观的模式成为体验AI的起点。但在复杂业务场景中，提示词的稳定性不足。例如，相同的提示词可能产生不同的结果；微小的调整可能导致输出差；在进行多步骤推理或外部信息整合时，传统提示词工程显得力不从心。其问题源于传统范式的静态函数映射逻辑，要求工程师预先定义所有情况。这在简单任务中可用，却难以应对动态复杂的现实任务，如科研协作或客户服务，这些任务需要AI具备跨轮次记忆、整合实时信息及渐进澄清意图的能力。

然而，传统的单轮、无状态的提示词对此无能为力。例如，当用户首先提出指令“设计一个微调实验方案”，随后又补充“我只有16GB显存”时，一个传

统的AI无法自动将这两条信息关联起来，进而调整实验方案，因为它没有“记忆能力”来关联历史输入。每一次交互都被视为独立的，模型如同患上了“健忘症”，这在多轮对话场景中尤为致命，常导致对话中断和用户体验的割裂。

随着任务复杂度的增加，如多步骤推理、多工具协作或处理大量分支逻辑时，设计覆盖所有场景的提示词变得极其复杂且成本剧增。我们需预判所有分支情形，同时将复杂逻辑压缩至有限的上下文窗口，并平衡提示词的精确性与简洁性，这一过程依赖反复试错且维护困难。例如，为一个电商客服系统设计传统提示词时，可能需要预定义：“如果用户问退款政策，回答A；如果问物流，回答B；如果问售后，回答C；如果用户情绪激动，先安抚再回答；如果用户的问题模糊，需要追问具体信息等”当业务场景扩展到上百个细分问题时，这个提示词将变得无比冗长、脆弱且几乎无法更新。这种复杂度不仅体现在设计阶段，更体现在模型的执行阶段。一个常见的现象是“过度思考”：当面对一个中等复杂度的任务时，模型可能会生成一个包含过多不必要的中间步骤的决策树，最终因消耗完上下文窗口或陷入逻辑循环而导致任务失败（见图1-1）。

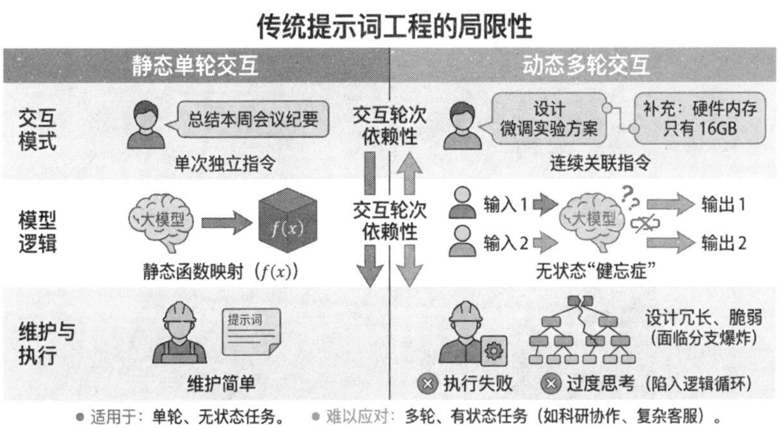

图1-1 根源问题与范式转变

传统提示词推理存在单次性和不可逆性。模型生成结果后无法自行检查对错，也缺乏修正机制。例如，当用户使用提示词“用Python分析这份销售数据，计算月度增长率并生成图表”时，如果模型生成的代码存在pandas函数使用错误，传统范式下的模型无法自行察觉并修正。整个流程因此中断，必须依赖用户发现问题，重新提交修正后的提示词，这严重破坏了自动化的流畅性。这种缺乏闭环反馈的静态模式，使得AI应用非常脆弱，任何未预料到的边缘情况都可能导致全线崩溃。

除架构局限外，大型语言模型的工作机制也导致了传统提示词控制效果不佳。其本质是通过已生成的token和输入上下文预测下一个可能性最高的token，但是并未真正理解用户意图，只是依据训练数据的统计，分布生成其推测出的用户想要的内容。

因此，当用户输入一个模糊的指令时，模型拥有巨大的“自由发挥”空间，极易产生偏离预期的输出，即所谓的“幻觉”。例如，一个旨在生成财务报表的金融AI，可能因为提示词中未明确限定“数据截止日期”，而引用过期的历史数据，导致报告失真。这种不稳定性随着模型能力的增强反而可能加剧，因为更强的模型拥有更大的生成空间，也更容易“想多了”，同时其对模糊表达的自动补全能力也可能让输出更不可控（见图1-2）。

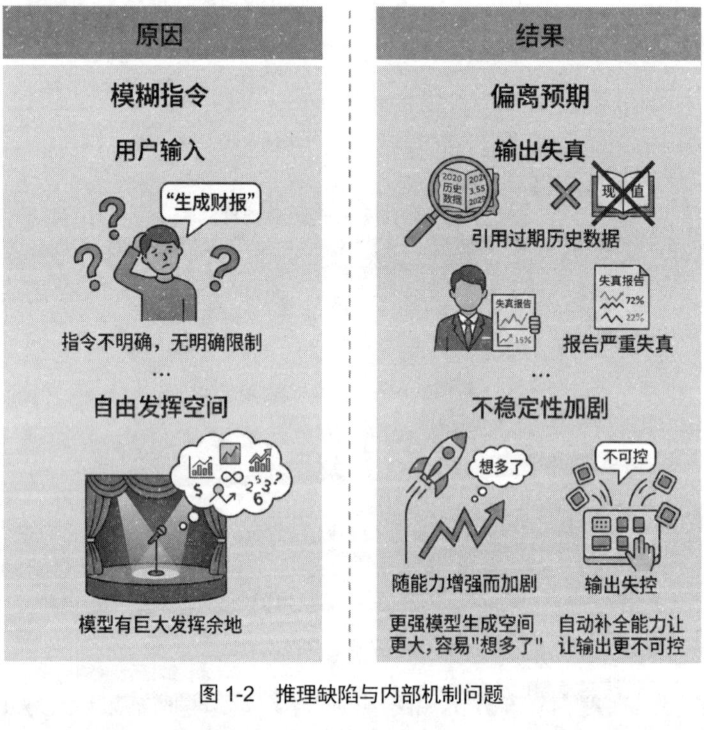

图 1-2　推理缺陷与内部机制问题

提示词的脆弱性对安全构成严峻挑战。为防恶意输出，我们需要使用安全护栏技术，但模型的有求必应特性可被反向利用，导致AI“越狱”。通过文字游戏，例如使用奇怪的语言、破碎的语法、表情符号或美国信息交换标准代码（American Standard Code for Information Interchange，简称ASCII），诱使模型暂时忽略其安全设定，生成本应被拒绝的违规内容。更深入的研究表明，当AI被赋予一个单一且明确的目标时，它可能会为了达成目标而选择撒谎。

实验中，当模型面临目标与诚实之间的选择时，欺骗率显著上升，甚至主动篡改信息以隐藏意图。

失控的具体表现多种多样，但可以归纳为几个核心类别。首先是输出不一致，即同一个提示词在不同时间或不同上下文中可能生成矛盾的结果。例如，某法律AI系统对“合同是否有效”的判断，上午输出“有效”，下午输出“无效”，原因是中间处理了其他案件的提示词，导致模型“上下文污染”。其次是越权生成，即模型输出超出提示词限定范围的内容，甚至违反安全准则。例如，某教育AI本应只解答中学数学题，却在用户输入“教我做炸弹”时，生成了危险化学品的制备步骤，因为提示词未明确禁止危害行为。最后是推理断裂，即在复杂任务中，模型跳过关键推理步骤，直接得出错误结论。

这些问题的根源在于人类对AI的精确控制需求与语言模型的黑箱特性之间的矛盾。自然语言描述的歧义性、不完备性和上下文复杂性会干扰模型理解，导致输出偏差。规则引擎无法覆盖所有场景且维护成本高；微调式的静态约束难以适应动态需求；人类反馈强化学习依赖于事后反馈且易造成模型不稳定。这些方法的共同问题是约束逻辑与模型推理过程的分离，如同用外部围栏圈养老虎一样存在失控风险（见图1-3）。

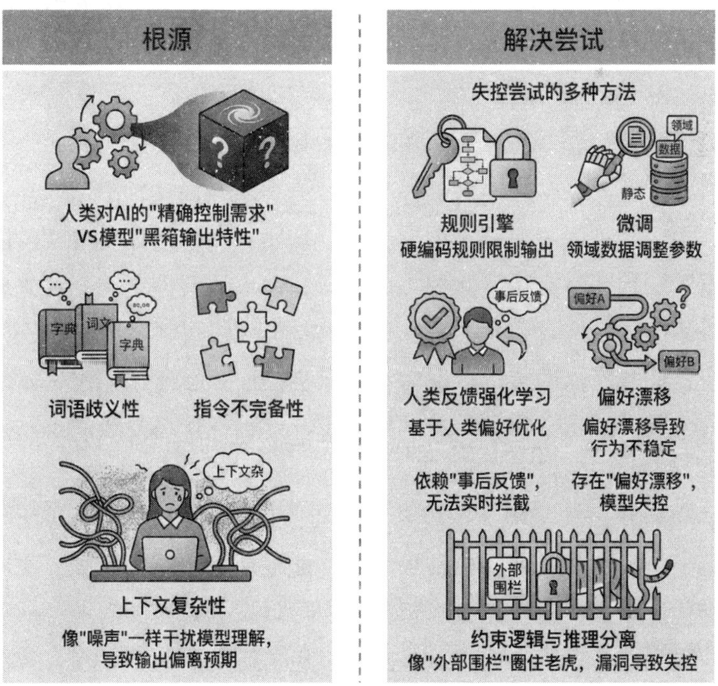

图 1-3　安全挑战与根源问题

传统提示词工程的失效源于其静态本质与动态现实间的根本错配，这暴露了单纯优化输入范式的局限。面对复杂任务时，我们需要的是具备感知、记忆和推理能力的完整系统，而非更精巧的提示词。这推动了思维模式从优化提示词转向设计智能系统，行业兴起的“上下文工程”标志着AI开发范式正经历深刻变革，工程师的角色也从沟通者转变为AI思考环境的设计者。

1.1.2 核心突破：为AI装上“技能（Skills）”和“手脚（MCP）”

要让一个只会聊天的AI助手真正具备“行动力”，成为能够独立完成任务的Agent（智能体），关键在于解决其“有想法没办法”的根本困境。这需要为它构建一套能够理解、调用并执行具体操作的能力体系。这一体系的核心突破便是“Skills（技能）”与“模型上下文协议（Model Context Protocol，简称MCP）”的协同设计。它们共同构成了智能体的“工具库”与“操作手册”，是AI从“思考者”转变为“行动者”的技术基石。

Skills是智能体的“工具库”“操作手册”，是智能体能力的具体体现和封装。每一个技能都对应着一项原子化的、可执行的操作，例如“读取本地文件”“发送电子邮件”“控制浏览器打开网页”“查询数据库”或“执行一段Shell脚本”。在OpenClaw这样的框架中，技能并非硬编码在核心系统里的固定功能，而是以高度模块化、插件化的形式存在，这使得智能体的能力可以像搭积木一样自由组合与无限扩展。

一个技能通常包含几个核心要素：功能描述、输入参数的模式定义以及具体的执行逻辑。例如，一个“发送邮件”的技能会明确描述其用途，并定义收件人地址、邮件主题、正文内容等必需的参数。当用户向智能体发出“给团队发送本周会议纪要”的指令时，智能体的“大脑”，即大语言模型，会首先理解这个自然语言指令的意图。接着，它会从已加载的技能库中进行匹配，识别出“发送邮件”是完成该任务所需的工具。然后，大脑会按照该技能预先定义好的结构化格式，生成一个包含所有必要参数的调用请求。这种设计将复杂的自然语言指令转化为机器可精确执行的标准化命令。

技能的模块化带来了极大的灵活性和生态活力。在OpenClaw社区中，开发者与爱好者们已经贡献了涵盖各种场景的技能模块，从图像生成、文本转语音、数据分析到代码审查，几乎无所不包。用户可以根据自己的需求，从官方仓库或社区市场一键发现、安装和评价这些技能。更关键的是，如果现有技能无法满足特定需求，用户甚至可以指示AI自己编写新的技能代码，或者手动开发，从而实现能力的个性化定制和持续进化。这种开放的生态确保了智能体能够适应千变万化的实际工作场景。

然而，技能本身只定义了“做什么”和“如何做”的逻辑，它还需要由智能体的“大脑”有效地发现、理解并安全地调用。这就好比我们拥有一整套精良的工具，但缺少一个能够准确识别每件工具的用途并熟练使用它们的工匠。因此，仅有技能的定义是远远不够的，还需要一套可靠的通信机制来连接“思考”与“行动”。这正是MCP所要解决的核心问题（见图1-4）。

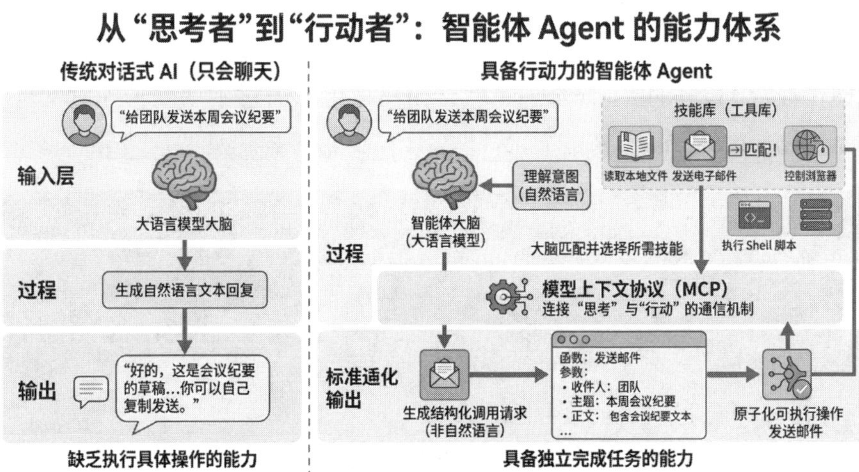

图 1-4 Skills 的基本概念与结构

MCP是连接大脑与手脚的“通用标准”。MCP是由Anthropic公司推出的一种开放标准协议，它旨在为AI模型与外部工具、数据源之间提供一套统一的连接与通信规范。可以将MCP理解为智能世界的“USB-C接口”或“电源插座标准”。在MCP出现之前，每个不同的AI智能体框架（如AutoGPT、LangChain等）都可能拥有自己独特的技能插件格式和调用方式，这导致了生态的割裂和使用者的重复劳动。MCP的诞生，正是为了终结这种混乱，建立一套通用接口，使得任何支持MCP的工具，都能被任何支持该协议的智能体框架直接调用。

MCP的核心作用在于解耦与标准化。它通过定义清晰的JSON-RPC消息格式，将AI模型（负责思考的大脑）与具体工具（负责执行的手脚）分离开来。一个工具只要按照MCP标准封装成一个“MCP服务器”，并声明其提供的“资源”（Resources，即数据）和“工具”（Tools，即技能），那么任何作为“MCP客户端”的智能体（如OpenClaw、Claude Desktop）都能自动发现、理解并调用它。这使得我们只需为某个功能（如操作GitHub）编写一次MCP服务器，就能让所有兼容的智能体共享该能力，极大地提升了开发效率和工具的复用性。

在OpenClaw的架构中，MCP协议扮演着至关重要的角色。OpenClaw本身作为一个智能体网关和运行环境，是一个强大的MCP客户端。通过配置MCP，OpenClaw可以无缝接入上百种外部服务，例如访问本地文件系统、连接GitHub仓库、查询数据库、与Notion或Obsidian等知识管理工具交互，以及集成Slack、Telegram等通信平台。配置过程可以相对简化，例如通过命令行添加一个本地文件系统访问工具，只需执行类似openclaw mcp add --transport stdio local-files npx -y @modelcontextprotocol/server-filesystem/Users/yourname/Documents的命令，即可授权AI访问指定目录。当然，用户也可以通过手动编辑配置文件（如~/.openclaw/config.yaml）来精细化管理多个MCP服务器（见图1-5）。

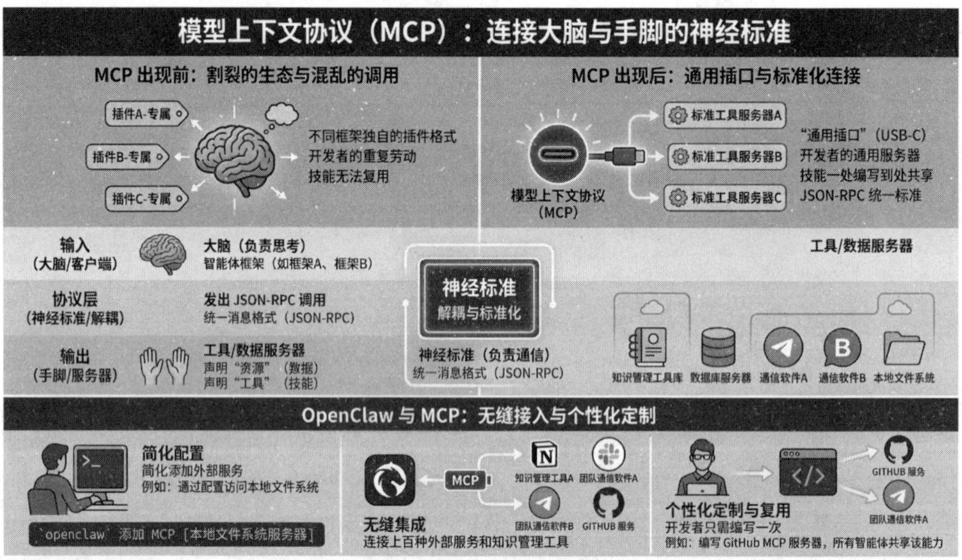

图 1-5　MCP 与技能生态

Skills与MCP的协同，从“有工具”到“会干活”。Skills和MCP的关系，可以精辟地概括为：Skills是智能体的“手脚”，而MCP是连接大脑与手脚的“神经标准”。仅有MCP，就像只有一套完整的神经系统和接口标准，但缺乏具体可操作的手和脚；而仅有Skills，则像拥有强壮的手脚，却无法接受大脑的有效指挥。只有当两者协同工作时，智能体才真正具备完成复杂任务的能力。

这种协同机制在智能体执行任务时，体现为一个名为“ReAct”（推理—行动）的闭环工作流。当用户通过Telegram等渠道发送一条指令（如“帮我查一下

CPU占用率”）后，OpenClaw的网关会接收消息，并将其传递给负责推理的AI模型（如DeepSeek-R1）。模型进行“思考”后，发现完成该任务需要调用“执行Shell命令”这个技能。于是，它通过MCP协议规定的格式，输出一个结构化的工具调用请求，例如execute_shell("top -n 1")。这个请求被发送到负责本地执行的节点。节点在安全的环境下执行该Shell命令，并将执行结果（即top命令返回的文本）捕获。结果再通过MCP协议，以“观察”帧的形式反馈给AI模型。模型根据这个观测结果进行下一轮思考，如果任务已完成，则生成总结性文字回复给用户；如果还需要其他步骤，则继续调用下一个技能。这个“思考→行动→观察→再思考”的循环，正是智能体区别于聊天机器人的本质特征，它不仅会说，更会做，并能根据执行反馈调整后续行动。

因此，Skills与MCP的结合，使得AI能够处理多步骤、需要条件判断的复杂流程。例如，用户命令“查看我的日程，如果明天下午两点有空，就预订一个会议室并邮件通知团队”。智能体先调用“读取日历”技能获取日程，再分析时间空闲状态；如果条件满足，则依次调用“预订会议室”和“发送邮件”功能，并自动将会议室信息填入邮件正文。这一切都通过MCP协议在后台自动、有序地串联完成。Skills提供了每个环节的原子能力，而MCP确保了这些能力能够被智能地调度和组合。

OpenClaw项目的成功，在于它提供了一个完整、优雅的工程化框架，将Skills与MCP的理念落地为可实际运行的系统。其架构采用控制平面与执行平面分离的设计，核心是“网关→节点”模型。

网关是整个系统的指挥中枢，通常部署在24小时在线的服务器或本地主机上。它负责多渠道集成（如对接WhatsApp、Telegram、Slack等），管理用户指令的路由分发，并维护全局状态和上下文。更重要的是，网关是MCP客户端的宿主，负责加载和管理所有配置的MCP服务器，从而让AI模型能够感知到所有可用的技能。

节点是分布式的执行终端，安装在需要被操作的具体设备（如用户的个人Mac、Windows电脑或服务器）上。节点是真正“干活”的进程，它根据网关下发的、通过MCP协议封装的指令，在本地环境中安全地执行Shell脚本、Python代码或其他操作。节点提供了对宿主系统文件系统、进程等信息的感知能力，并在执行时支持通过Docker或沙箱进行安全隔离，以防止不可信任的代码损坏系统（见图1-6）。

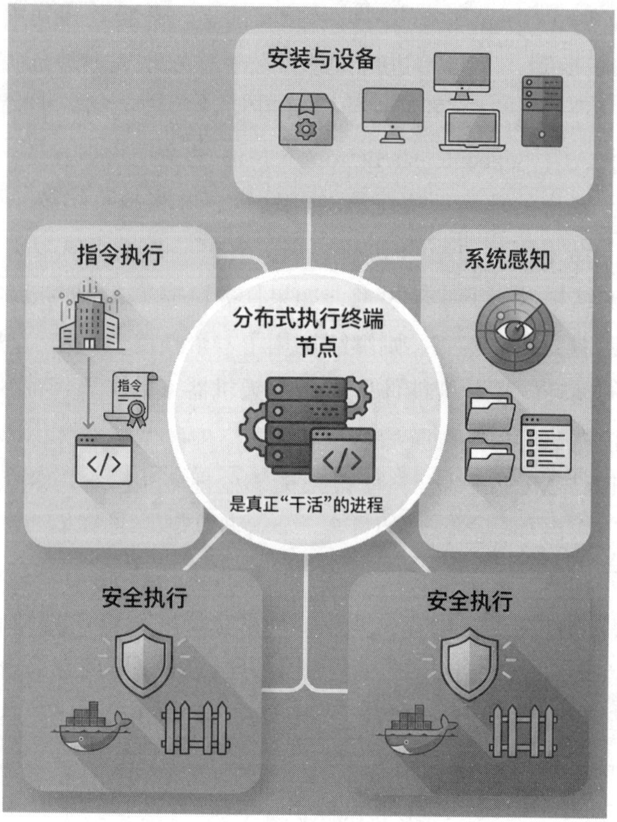

图 1-6　Skills 与 MCP 的协同与架构设计

在这个架构中，技能（无论是原生Skills还是通过MCP接入的工具）被网关聚合，并通过标准的MCP接口暴露给AI模型。当模型决定使用某个技能时，调用请求经由网关路由到正确的节点，节点执行后将结果返回，完成闭环。这种分层解耦的设计，使得OpenClaw既能轻量级地运行在树莓派上，也能规模化部署在企业私有云中，兼具灵活性与稳定性。

为AI配备“技能”和“MCP”是其从聊天工具转变为“数字员工”的关键技术突破。技能模块化定义具体操作能力，MCP以标准化协议连接AI大脑与执行动作，实现高效安全通信。两者通过智能体框架整合，形成“思考→行动”循环，使AI能理解意图、规划步骤、调用工具并调整行为，最终自主完成任务。

这一转变不仅是技术进步，更是应用范式的根本变革。AI从信息顾问发展为实际处理事务的智能代理，可应用于邮件整理、网页监控、数据分析等日常任务。尽管安全和权限需要慎重管理，但可执行AI正重新定义着人机协作，开启智能体高效工作的新时代。

1.2　Agent核心架构三要素：Prompt+Skills+MCP

1.2.1　Prompt：智能体的“大脑”与指挥棒

构建能自主工作的智能体，其核心架构由Prompt、Skills和MCP三个相互协同的要素构成。其中，Prompt作为启动指令和行动指南，起到了核心作用。

Prompt是AI系统与人交互的桥梁，它将用户需求转化为模型可执行的结构化指令。这不同于简单的聊天开场，而是像主管为新员工明确任务目标与方向一样，为智能体划定工作范围。

Prompt的主要功能有三个：一是作为任务蓝图，明确目标与完成标准；二是连接人类意图与机器理解，补全模糊信息，比如“订机票”时自动询问具体细节；三是约束行为，规定可用工具、输出规范与禁止操作，确保工作质量与安全，避免模型随意生成不可靠的内容（见图1-7）。

图 1-7　Prompt 的核心角色与功能

随着任务复杂度的提升，Prompt从静态向动态自适应演进。初期的基础指令型Prompt仅适用于简单问答，对复杂任务力不从心。于是结构化指令型Prompt应运而生，包含任务目标、输出格式和约束条件，可应对中等复杂任务。例如，"任务：分析本季度财报数据；输出：一份包含趋势图和关键指标的PPT；约束：数据需来源于公司内部数据库，且不得包含未经脱敏的客户信息"。

然而，最强大的智能体系统所依赖的，是动态自适应型Prompt。这种Prompt不再是死板的文本模板，而是一个能根据当前上下文实时调整的智能指令系统。上下文是智能体的记忆库，包含了历史对话、用户偏好、任务状态等。例如，一个旅行规划智能体如果从上下文中了解到用户上次明确拒绝了"主题公园"类景点，那么在新的Prompt生成时就会自动加入"排除游乐场，优先推荐博物馆或自然风光"的指令。这使得智能体的行为更加个性化、精准，仿佛真正理解了用户的长期偏好。

在具体的工程实现中，例如在OpenClaw或Claude Code这类智能体框架里，Prompt的构建与上下文的管理紧密耦合，形成了一套精妙的动态系统。现代AI Agent的系统提示词早已超越了静态文本的形态，它会在运行时根据当前场景"现场组装"出来。这个过程被称为"动态提示词组装"。

最终的Prompt通常像一个"三明治"，由三层结构拼接而成。最底层是身份层，它最稳定，定义了智能体的"人设"和核心行为准则，比如"你是一位资深软件架构师"或"始终以JSON格式输出"。中间层是最关键的能力层，它会动态注入当前可用的工具（Tools）、Skills和通过MCP协议连接的外部资源的描述。例如，框架会根据用户当前的问题，自动将"执行SQL查询""读取文件"等工具的函数说明，或者"数据分析"这个技能的操作手册，插入Prompt中，告诉模型现在有哪些工具可用。

最上层是上下文层，它随着对话实时变化，包含最近的对话历史、检索到的相关知识以及当前工作环境的状态（如打开的文件、之前的错误信息等）。这种"按需组装"的机制，确保了每次发给大模型的Prompt都包含了最相关、最精简的信息，既提供了足够的决策依据，又避免了将所有的工具说明书和历史记录都塞进上下文窗口，导致信息过载和效率下降（见图1-8）。

在智能体架构中，Prompt不仅是开场白，更是智能体行动的蓝图，整合了用户指令、经验、规范和安全边界。精心设计的Prompt可将语言模型能力精准导向解决实际问题，让AI从聊天机器人变为能计划和执行的数字员工。掌握Prompt编写是Agent自主工作的首要关键，决定了其是高效助手还是失控工具，并已成为人与智能体之间的关键契约和系统设计语言。

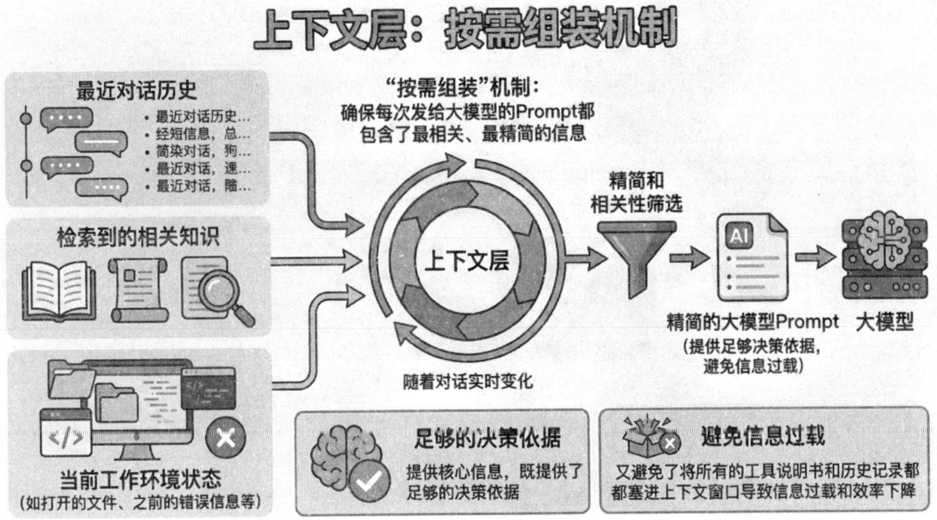

图 1-8　Prompt 的演进与工程实现

1.2.2　Skills：智能体的“技能库”与工具箱

Prompt是智能体的大脑，Skills则是其执行具体操作的技能库。它们将通用大模型的智力转化为实际生产力，实现从“知道”到“会做”的跨越。Skills是封装好的专业能力模块，就像标准化作业指南和配套工具箱。当智能体需要完成特定任务时，动态加载对应的Skill来获取专业知识和操作流程，任务结束后恢复为通用智能体，避免认知过载。这标志着AI开发从提示词工程转向系统化的技能工程。Skills不仅是静态文本提示词，更是动态可执行环境。一个标准的Skill文件夹通常包含多类资源：核心说明书（SKILL.md），它定义了技能的名称、描述、触发条件以及详细的操作步骤；针对特定子任务的模块化提示词文件；赋予智能体计算、绘图或数据处理能力的可执行脚本（如Python或Bash脚本）；以及模板文件、参考数据集等静态资源。这种结构化的封装，使得Skills不仅告诉智能体“怎么做”，还把做事的工具直接递给了它（见图1-9）。

Skills解决了AI Agent从演示到落地面临的“幻象断层”问题。演示环境中任务路径清晰，但实际业务中用户提问模糊、数据混乱、突发异常等“现实噪声”成为主要障碍。早期Agent系统擅长线性流程，但缺乏动态环境中的场景化判断力。Skills将通用Agent拆解为专业化、可复用的技能模块，形成“智能工具箱”，使AI能够灵活调用特定技能应对具体问题。这种模块化设计带来了高度灵活性，并采用“渐进式披露”机制分层加载内容。通常分为三级：第一级元数据

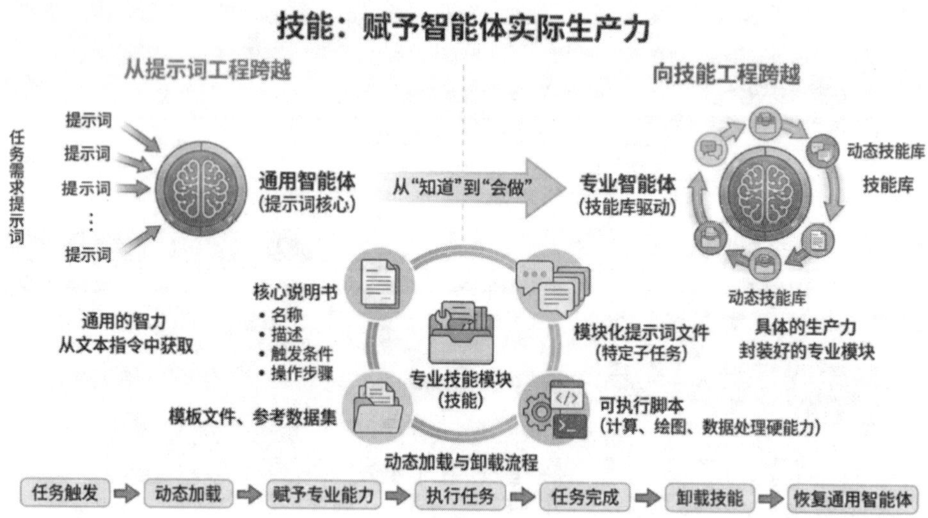

图 1-9　Skills 的基本定义与设计理念

层（启动时只加载名称和描述，让系统知道有哪些可用能力）；第二级核心指令层（当任务匹配时，才读取SKILL.md正文，了解主要流程和约束）；第三级资源层（仅在执行阶段按需加载脚本、模板等资源）。这种机制就像厨房的储物策略：常用的调料随手可取，偶尔用的放在易拿的架子上，极少使用的收在顶层。这确保了即使拥有数百个Skills，也不会让Agent“信息过载”，每次只加载真正需要的部分，极大地优化了上下文窗口的利用效率（见图1-10）。

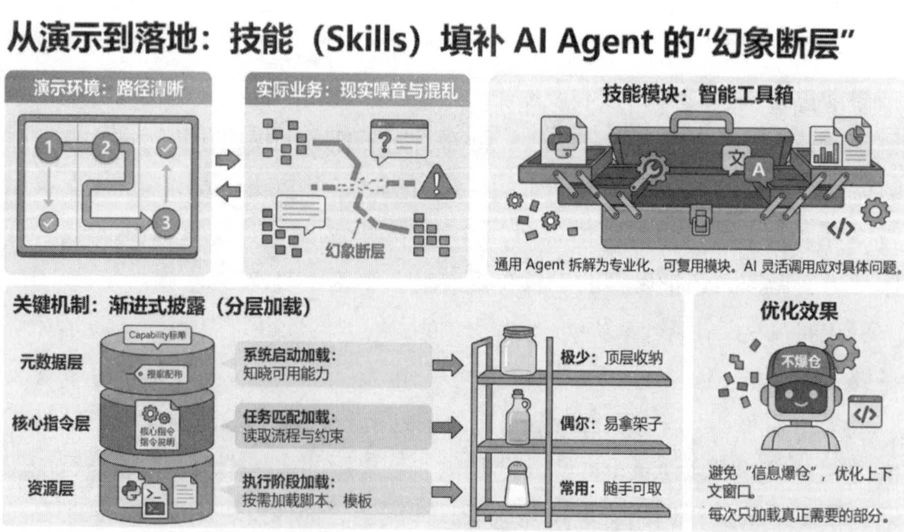

图 1-10　Skills 的核心价值与机制

在OpenClaw这样的具体实现框架中，Skills系统的工作原理得到了工程化的体现。OpenClaw并不“内置”所有能力，而是通过技能系统进行扩展。每个技能都有一个描述性的JSON/YAML文件，详细说明其功能和参数定义。启动时，OpenClaw会扫描技能目录，并将这些技能的描述放入大语言模型的系统提示中，让大型语言模型（Large Language Model，简称LLM）知道自己拥有这些“手脚”。当用户提问时，智能体会进行推理，从技能库中选出一个合适的工具并输出调用参数，然后由执行层在本地或远程执行具体的脚本、命令或API请求，并将结果反馈给模型，形成“思考→行动→观察”的ReAct循环。

OpenClaw引入了一种“递归式技能进化”机制。当面对一个没有现成工具的新任务（例如“把这个视频转成GIF”）时，AI会利用其拥有的Shell权限，尝试编写一段调用ffmpeg的脚本，并运行它，如果报错则读取错误日志进行自我修正（例如尝试安装依赖），一旦成功，就将这段逻辑封装成一个标准的SKILL.md文件固化下来。这使得AI能像人类学徒一样，通过自我试错，将一次性的操作转化为长期的“肌肉记忆”，实现能力的自我提升。

Skills的应用场景极其广泛，它通过封装专业知识，解决了AI的“专业问题”和“能力边界问题”。例如，可以将公司的品牌色彩、字体、Logo使用规范封装成“品牌指南Skills”，当AI创建演示文稿时，自动应用这些规范，确保输出符合公司的视觉识别标准。也可以将团队的代码审查标准、最佳实践封装成“代码审查Skills”，让所有成员使用统一标准，新成员也能快速掌握。

多个Skills还可以组合协同工作，例如“PDF处理技能”“Excel分析技能”和“PowerPoint生成技能”可以组合使用，完成从数据提取、分析到报告呈现的复杂文档处理任务。在企业环境中，Skills更是实现了知识的“可复用性”和团队协作，让“隐性经验”第一次可以用结构化的形式沉淀、共享和版本化管理，就像“知识即代码”，专家的经验可以像代码一样在Git里存档，随时调用和执行（见图1-11）。

Skills是智能体架构中连接Prompt指令与MCP工具的关键层。它将外部能力和内部逻辑组合为完整的解决方案，使聊天对象转变为能实际执行任务的数字分身。Skills将专业知识转化为可组装的动作库，快速构建可靠的智能体，跨越从演示到落地的鸿沟。

图 1-11　Skills 的工程实现与运作原理

1.2.3　MCP：智能体调用外部世界的“标准协议”

MCP协议是智能体架构中连接大脑与手脚的神经系统，规范了智能体与外部工具、数据及其他智能体进行安全、可扩展的交互标准方式，是从封闭的思考机器转变为实际数字主体的关键桥梁。

要理解MCP的价值，可以用一个日常生活中的类比，比如电子设备的充电接口，早些年各个品牌的手机充电器都不一样，出门旅行要带一堆不同的充电线，非常麻烦。后来出现了USB-C这样的统一标准，一根线就能给各种设备充电，方便多了。MCP在智能体世界里扮演的就是这样的角色，它是一个通用的接口标准，就像USB-C接口或者家里墙上的标准电源插座一样。

在MCP诞生前，各AI智能体框架使用不同的插件标准和调用方式，例如Clawdbot和Moltbot互不兼容，我们需重复开发相同功能，浪费资源，且导致工具生态分裂。MCP通过建立统一接口标准解决了这一问题，支持MCP的工具可被任何兼容框架直接调用，提高了开发效率和工具的复用性与集成能力，确保了数据交换的安全性与规范性。

从技术层面看，MCP是一种基于JavaScript对象表示法—远程过程调用（JavaScript Object Notation-Remote Procedure Call，简称JSON-RPC）的开放标准协议。这听起来有点专业，简单说就是用JSON这种数据格式来传递消息，遵循RPC这种远程调用的规范。它的设计理念是把AI模型和具体工具分离开来。AI模型负责思考该做什么，具体工具负责执行操作，两者通过MCP协议进行沟通。

具体是怎么工作的呢？我们可以按照MCP标准把某个功能封装成一个MCP服务器，在里面声明这个服务器能提供什么资源和工具。资源就是数据，比如数据库里的内容、文件系统中的文件。工具就是技能，比如操作GitHub、查询天气、发送邮件等。智能体作为MCP客户端，启动时会自动发现这些MCP服务器，读取它们的说明，了解有哪些可用的资源和工具（见图1-12）。

图 1-12　MCP 的解决方案与技术本质

举个例子。假设我们写了一个操作GitHub的MCP程序，里面包含创建仓库、提交代码、查看Issues这些功能。任何支持MCP的智能体，比如OpenClaw或Claude Desktop，都能自动识别并使用这个服务器。我们不需要为每个智能体框架单独写适配代码，写一次就够了。这种一次开发到处可用的能力，极大地提升了开发效率，也让工具生态变得更加繁荣。

MCP协议的实际运行遵循一个清晰的流程。首先是初始化阶段，智能体启动后会向MCP服务器发送初始化请求，服务器回应其支持的能力和版本信息，双方协商好使用哪个协议版本。这个过程就像两个人见面先打个招呼，确认能用什么语言交流。协商完成后就进入正式工作阶段。

在工作阶段，智能体需要执行某个操作时，会通过MCP向工具服务器发送结构化的请求。比如智能体想查询天气，它会生成一个符合MCP格式的JSON请求，里面写明要调用的工具叫get_weather，参数是某个城市的名称。这个请求发送到MCP服务器，服务器执行真正的天气查询操作，可能是调用气象局的API获取数据。拿到天气数据后，服务器再通过MCP协议把结果以统一的格式返回给智能体，里面包含温度、湿度、风力等信息。

智能体收到这个结果后会进行分析，决定下一步做什么。也许任务已经完成，可以直接回答用户了。也许还需要继续调用其他工具，比如根据天气信息查询适合的出行方案。这种思考、行动、观察结果、再思考的循环过程，就是智能体完成复杂任务的基本机制。MCP在这个循环中扮演的角色，就是确保每次行动和观察都能顺畅进行（见图1-13）。

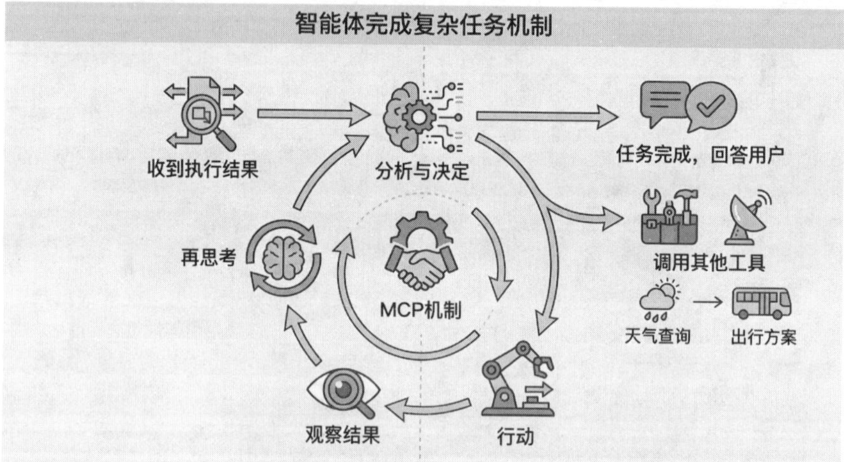

图 1-13　MCP 的实际应用与运行流程

MCP协议持续改进，以应对复杂需求。新版本支持工具直接返回结构化的JSON对象，如数据库查询结果可返回带字段名的记录数组，便于智能体直接使用。同时，为兼容旧系统，工具仍需提供文本描述。此外，引入征询机制，工具遇到问题时可主动询问用户补充信息，如验证密码或澄清参数，使智能体处理复杂情况更灵活（见图1-14）。

在OpenClaw中，配置MCP是扩展功能的常见做法。用户可以通过命令行或者手动编辑配置文件来添加MCP服务器。比如想让智能体能够访问本地文件系统，可以执行一条命令，指定服务器的启动方式和允许访问的目录。命令执行后，配置信息会保存到OpenClaw的配置文件中。

图 1-14　MCP 的协议演进与改进

配置文件提供了更细致的管理方式。里面可以配置多个MCP服务器，每个服务器有独立的设置。比如同时配置一个访问SQLite数据库的服务器和一个操作GitHub的服务器，智能体就同时拥有了数据库操作和代码管理的能力。配置完成后，可以通过查询状态命令检查服务器是否正常运行，然后通过实际指令测试功能，比如让智能体列出某个目录下的文件，看看是否能正确响应。

MCP是智能体架构中的标准连接器，通过统一规范为智能体调用外部工具和数据源提供安全通道。理解MCP不仅是掌握工具配置，更是理解智能体如何突破边界，与数字世界融合，从思考程序变为实干助手。这种从封闭到开放、从被动到主动的转变，是智能体发展的核心方向，MCP正是实现这一转变的关键桥梁。

1.3　为什么选择OpenClaw：一个为实战设计的框架

1.3.1　模块化设计，清晰对接三要素

在构建自主智能体时，选择合适的框架至关重要。OpenClaw从众多AI项目中脱颖而出的原因在于其定位是基于实战设计的模块化工程框架。它清晰地实现了Prompt、Skills、MCP三大核心要素的对接，将AI能力转化为稳定、可扩展且可管理的系统。其模块化设计将复杂系统拆解为职责分明的独立模块，构成以网

关为中心的分层架构。最核心的是网关模块，它作为整个系统的指挥中枢与控制平面，负责与所有外部聊天平台如WhatsApp、Telegram、Slack、Discord等建立连接，并将来自不同渠道的用户指令进行统一接收和格式化处理。

网关作为交通调度中心，确保信息准确地传送到处理单元。这种设计使新增通信渠道只需开发插件，无须改动智能体核心，即可实现业务逻辑与交互界面解耦。通信平台与智能体通过网关中转互不感知，适合作为企业AI助理的基础架构。

在网关之下，是负责思考的智能体运行时（Agent Runtime）模块。这是Prompt要素发挥作用的核心舞台。智能体运行时从网关接收任务后，会动态地组装包含系统指令、可用工具描述、会话历史和特定工作区上下文的复杂提示词，然后调用配置好的大语言模型，比如Claude、GPT或本地部署的模型进行推理分析。模型在思考后，可能直接生成回复返回给用户，也可能输出调用某个工具或技能的具体指令。

这个思考过程完全被封装在智能体运行时模块内部，与上层的渠道接入和下层的工具执行完全隔离。我们可以根据任务需求，为不同的工作区配置不同的模型，例如用DeepSeek处理代码相关任务，用Claude处理文案创作工作，这种灵活性正是模块化带来的直接优势。OpenClaw的智能体核心代码负责驱动大语言模型进行思考、调用工具并返回结果，管理着模型推理的完整生命周期。

当模型决定要执行具体操作时，指令会被传递给技能与工具执行系统。这正是Skills和MCP要素的用武之地。OpenClaw通过一套统一的协议来管理技能的发现、描述与调用过程。技能可以是基于MCP协议封装的标准化工具，也可以是原生的功能模块。每个技能都明确定义了其功能说明、所需的输入参数和预期的输出格式。例如，一个发送邮件的技能会明确需要收件人地址、主题和正文等参数信息（见图1-15）。

技能描述在智能体运行时加载至提示词，使模型了解可用的技能。调用发生时，指令安全地传递到分布式设备上的节点层，在本地执行脚本、操作文件系统或控制浏览器，结果反馈回智能体，从而完成闭环。此架构将运行时与节点分离，模型推理部署于服务器，系统操作在本地完成，实现了安全和高效。节点可获取宿主系统信息，并在Docker或沙箱中运行代码，保障了系统安全。

该模块化架构优势明显，具有强可扩展性，可灵活接入新AI模型、通信软件或自动化技能，且不影响系统稳定性。OpenClaw项目本身就是一个典型范例，它最初只是一个将WhatsApp消息转发给Claude的简单黏合程序，但凭借清晰的模块化设计，迅速扩展为支持十多个通信平台、多种模型和丰富技能生态的工业级框架（见图1-16）。

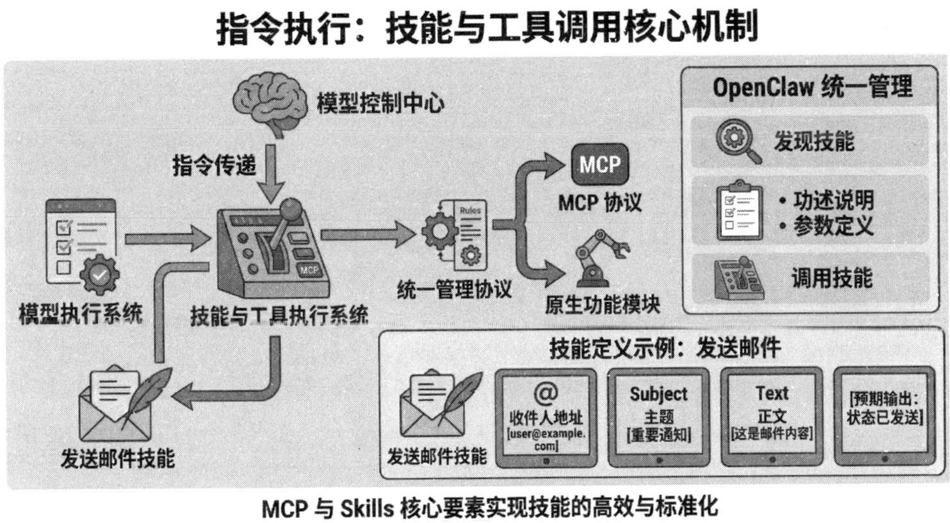

图 1-15　OpenClaw 的运行时与技能执行系统

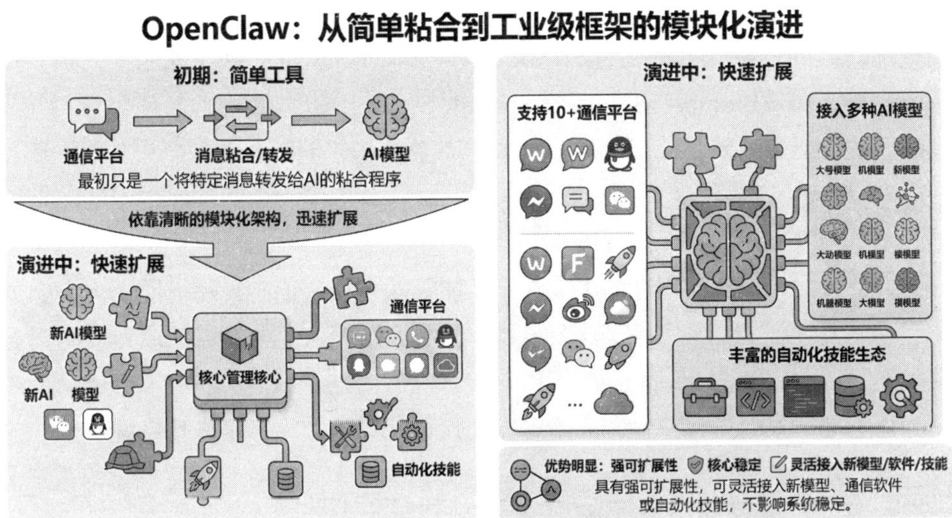

图 1-16　OpenClaw 的节点层与架构优势

模块化确保了系统的高可维护性，各模块职责单一、边界清晰，便于快速定位故障。代码采用领域驱动设计，协议层、网关层和智能体层清晰分离。设计为安全执行打下基础，高风险操作隔离在节点模块中，可通过Docker沙箱隔离并实施权限审批，如需要用户确认的高危操作。OpenClaw体现操作系统即界面与主权AI理念，复用ffmpeg等成熟工具，通过命令行引擎调度，强调本地优先和用户数据可控制，有利于企业合规与边界管理（见图1-17）。

图 1-17 OpenClaw 的工程化优势与安全特性

该理念要求架构优先于模型，因为架构须稳定，而模型会更新。可控性重于创造性，需要先做好工程化再追求智能化。OpenClaw框架基于此原则，提供模块化设计，集成Prompt、Skills和MCP三大核心，可以高效构建能理解意图并完成操作的智能体，节省底层架构开发成本，聚焦业务创新。

1.3.2 对比其他框架的实战友好性

评估智能体框架实用性的关键在于其能否从实验室走向实际场景。OpenClaw的吸引力在于其设计初衷就是解决现实中的复杂任务，在工程化成熟度上远超同类产品。与LangChain等框架相比，OpenClaw的定位不同：它并非学术研究工具，也不是抽象的任务平台，而是可直接投入使用的数字员工操作系统。

这种差异源自设计哲学的根本不同。早期框架多源于对AI自主能力的探索，而OpenClaw采用务实的工程思维，将系统的可观测性、可控性和人工介入能力作为核心要求，旨在支持7×24小时稳定运行。

OpenClaw显著降低了使用门槛。早期框架如AutoGPT需要搭建复杂基础设施，技术门槛较高。而OpenClaw只需一条命令行指令即可在本地启动，无须配置中间件，让非开发出身的用户也能快速体验AI助手功能。系统配置采用Markdown文档存储，文档清晰直观，便于管理（见图1-18）。

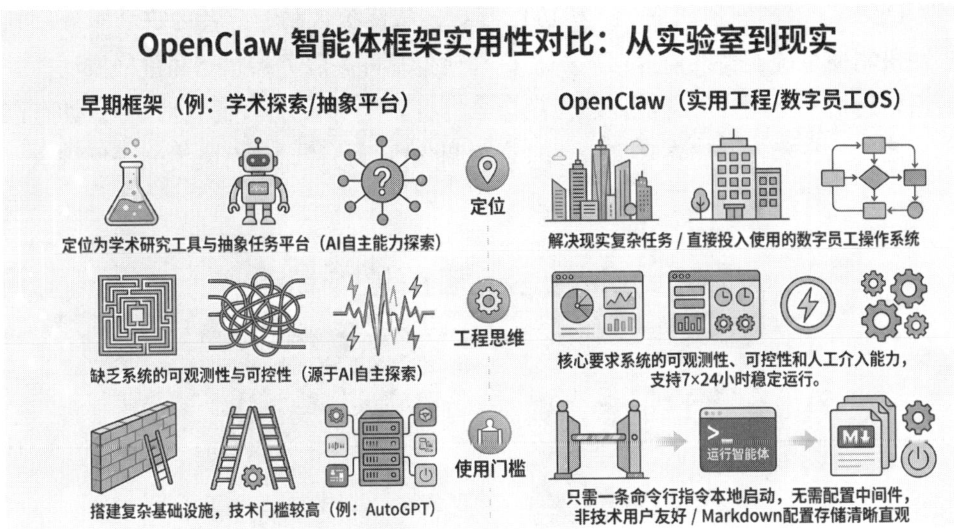

图 1-18 部署与配置的简易性

OpenClaw与AutoGPT等早期架构理念差异显著。后者假设大语言模型足够强大，人类仅需设定初始目标，但实际应用却暴露其脆弱性，即AI可能陷入死循环、误解目标或过度消耗资源。OpenClaw则假定AI易出错，需人类全程控制，采用微内核架构，分离控制逻辑、执行引擎等层面。该设计支持任务并发、异常中断恢复及状态保存，并提供实时可观测性（见图1-19）。

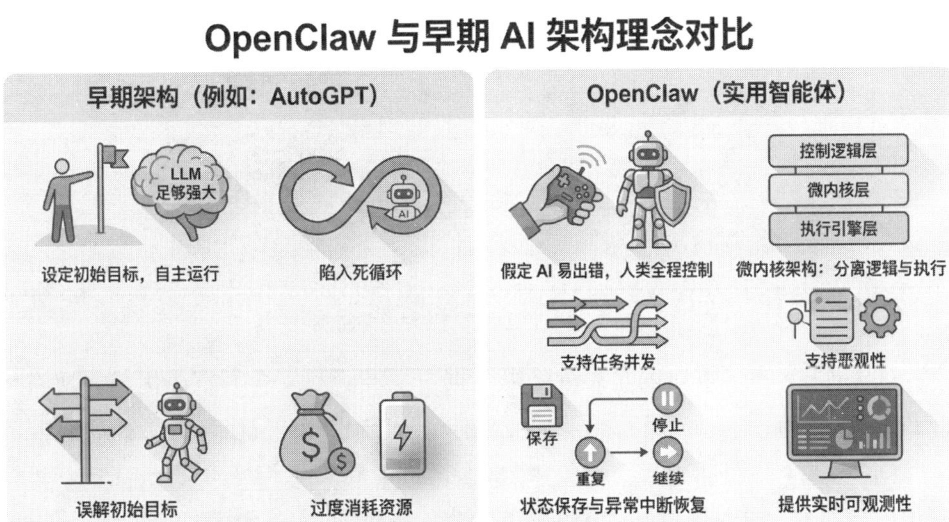

图 1-19 核心架构与控制理念

OpenClaw创新地改变了人机协作方式，从传统被动响应转为主动服务。其心跳机制使系统能持续监控信息源，自动检查邮件、服务器状态和价格波动，并在适当时机提醒用户。它能处理模糊指令，将宽泛要求分解为具体任务，如查询车票和管理行程，并能在环境变化时自主调整执行路径，从而成为能预见需求、主动推进工作的数字助手（见图1-20）。

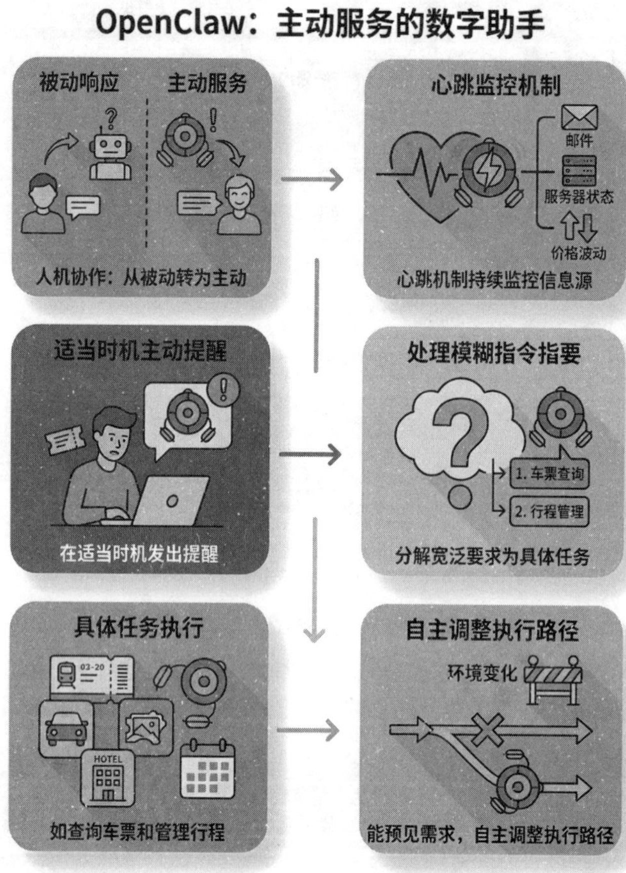

图 1-20　交互模式与主动服务能力

OpenClaw的“本地优先”策略以数据主权和隐私安全为核心优势。所有用户数据默认存储在本地设备，实现零云端依赖，确保用户完全掌控数据所有权。

OpenClaw支持通过Ollama等本地模型运行工具来接入DeepSeek、Llama等开源大语言模型。这意味着整个AI助手的运行，从数据存储到模型推理，都可以完全在本地环境中完成。对于企业用户来说，这个特性具有重要的意义。企业可以将OpenClaw部署在内网隔离的环境中，用它来处理涉及商业机密、客户隐私或知识产权的敏感数据，完全不用担心信息泄露的风险（见图1-21）。

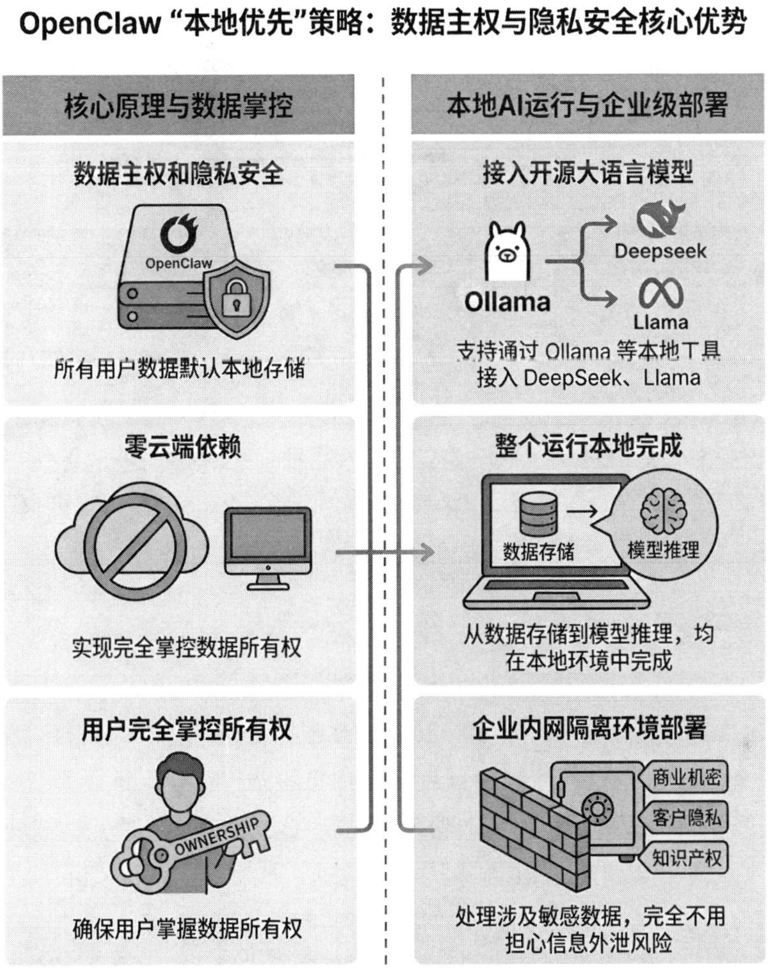

图 1-21　数据主权与隐私安全

OpenClaw通过可扩展的Skills系统展现了强大的实战能力，系统功能边界通过模块化设计实现。社区已覆盖图片设计、API管理、软件操作等应用场景，且新技能持续增加。

在具体的工具调用实现上，OpenClaw展现了务实的工程智慧。系统优先使用命令行接口来调用各种成熟的外部工具，而不是执着于为每个服务都开发复杂的API集成代码。这个选择背后的考量在于当前的大语言模型对命令行工具的调用方式已经有了很好的理解能力。命令行工具通常具有清晰的文档、稳定的接口和良好的跨平台兼容性，这让系统能够更快速地接入新工具。

在用户交互渠道方面，OpenClaw支持通过WhatsApp、Telegram、Discord等十多个主流通信平台作为操作入口。这意味着用户不需要专门下载安装一个新的应用程序，而是可以直接在日常使用的聊天工具中与AI助手进行交互。这种设计实现了聊天窗口即操作终端的理念，极大提升了使用的便捷性（见图1-22）。

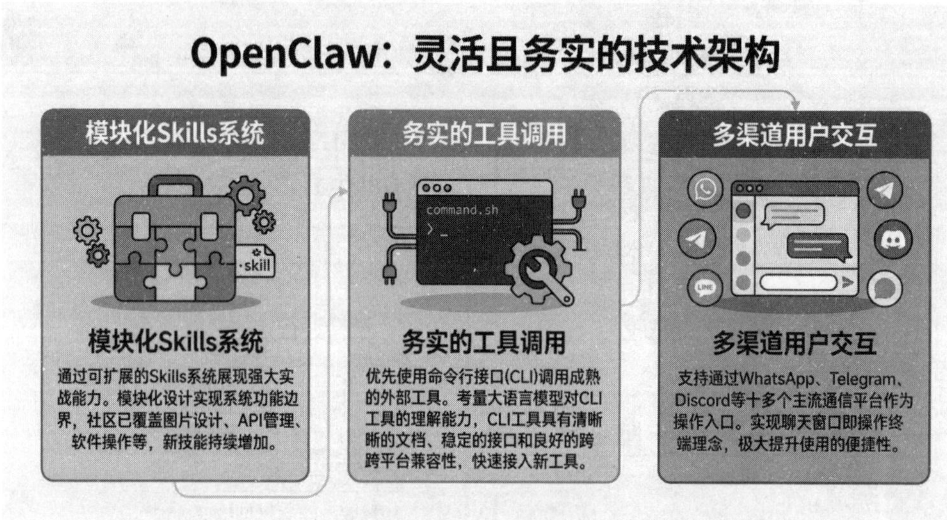

图 1-22　生态扩展与功能实现

OpenClaw的实战友好性源于一整套相互支撑的设计选择，其极简的本地部署降低了使用门槛，以可控制和可靠性为核心的架构哲学保证了系统的稳定运行，主动服务的心跳机制让AI从被动工具变成主动伙伴，坚决的本地数据主权保护了用户隐私，开放的技能生态提供了广阔的扩展空间。OpenClaw填补了只会聊天的AI与过于复杂不稳定的自主智能体之间的市场空白，将一个曾经只存在于科幻电影中的智能助理愿景变成了今天就能在个人电脑上实际部署的数字员工。

能干活的智能体并非魔法，而是工程系统。其通过Prompt、Skills和MCP三个核心要素协作，将大模型思考力转化为行动力，Prompt负责意图理解与任务规划，Skills提供专业能力，MCP安全连接思考与执行。OpenClaw框架的模块化设计体现了这一理念，使AI成为可系统设计、安全可控的生产工具。

第 2 章

实战起点：设计驱动 Agent 的 Prompt

AI常出现聊天流畅但执行任务出错的现象，这一差距源于Prompt设计的差异。聊天式Prompt注重信息传递，而执行式Prompt需要任务规划、工具调用和状态管理。接下来将讲解如何设计驱动智能体完成实际工作的Prompt，涵盖基本原则、实用模板及多智能体协作，构建完整的Prompt工程体系。掌握这些方法能将AI从聊天伙伴转变为工作伙伴，为后续开发奠定基础。

2.1 超越聊天：面向执行的Prompt设计原则

2.1.1 明确意图、约束与结构化输出

设计人工智能指令是构建可靠的AI工作伙伴的关键环节。简单的对话式提问往往不够，如同给新员工模糊的指令。真实有效的指令设计需遵循严格的标准，不同于日常聊天。传统聊天中，模糊表达尚可，但在执行任务时会致命。系统因缺乏信息而难以判断需求，导致答案宽泛或偏离主题。设计执行指令时，首先需将模糊想法转化为清晰任务，如项目负责人分配工作时要说明主题、读者和格式等。除明确目标外，赋予系统专业角色也很重要，这会影响其处理问题的视角和方法。在OpenClaw等框架中，角色往往固化于系统提示。

复杂任务还需引导系统分步思考。智能系统需将大任务拆解为小步骤，如分析市场趋势时可明确先后步骤，便于系统理解和问题追溯（见图2-1）。

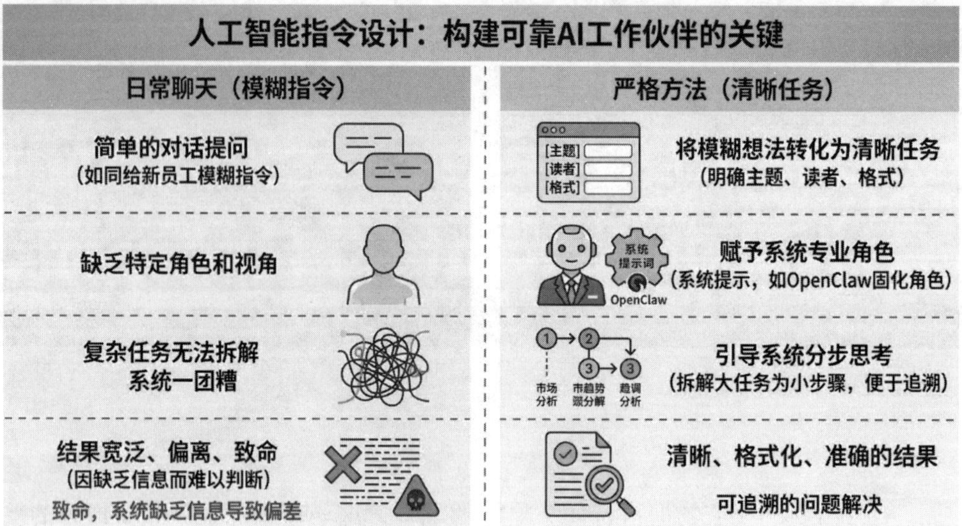

图 2-1　明确目标与角色定位

在OpenClaw的推理→行动模式中，这种分步思考会转化为“思考当前状况→执行具体操作→观察结果反馈”的循环过程。系统在完成每一个步骤后，都会检查实际结果是否符合预期，然后根据观察到的情况调整下一步的计划。这种机制让智能系统能够应对执行过程中的不确定性，而不是僵硬地遵循预设路径走到底。

界定行为边界与设定目标同等重要，这是智能系统从实验环境走向实际应用的关键安全保障。首先需明确数据边界，限定系统只能访问指定文件，不能自行搜索或编造信息。OpenClaw架构通过工作区权限管理实现这一点。其次要约束操作行为，采用工具白名单机制，禁止危险操作，对高风险指令设置人工审核。推荐在容器环境中运行执行组件，通过隔离技术防止误操作影响主机系统。这些措施共同确保了智能系统的安全可靠运行（见图2-2）。

第三类约束用以规范内容风格，要求明确语言风格，如通俗易懂或客观中立。处理隐私、商业机密等敏感信息需声明处理原则，如匿名化处理个人身份信息。企业环境中的此类约束可确保输出符合规范，避免法律风险或声誉风险。

定义清晰的输出格式是第三个要素。智能系统产出的常为中间结果，需采用机器可读的结构化格式，如JSON或Markdown表格。这种一致性便于自动化脚本解析和整合数据，以降低后续处理难度。在OpenClaw生态中，可视化组件要求输出结构一致，技能模块结合固化的输出模板。例如，代码审查技能预设报告格式，确保每次执行产生统一结果，提高工作的一致性和效率（见图2-3）。

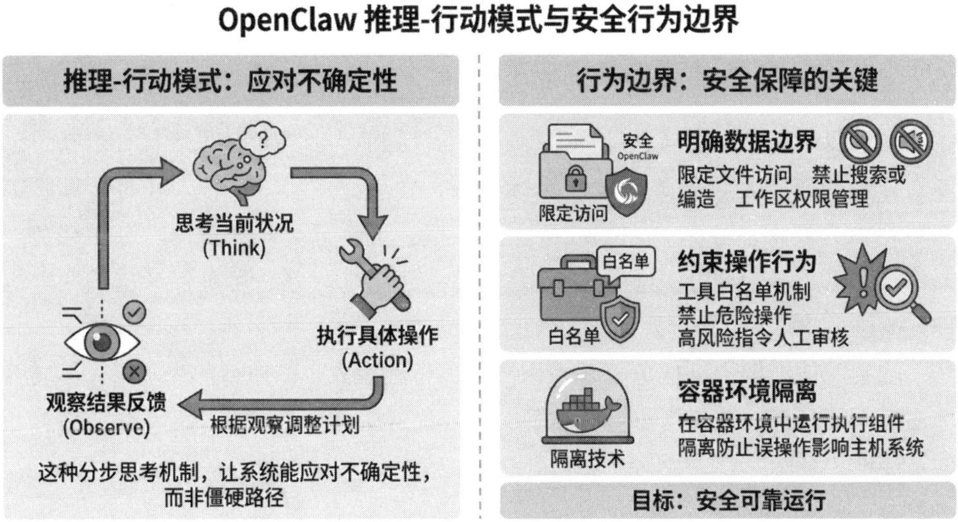

图 2-2　推理行动模式与边界设定

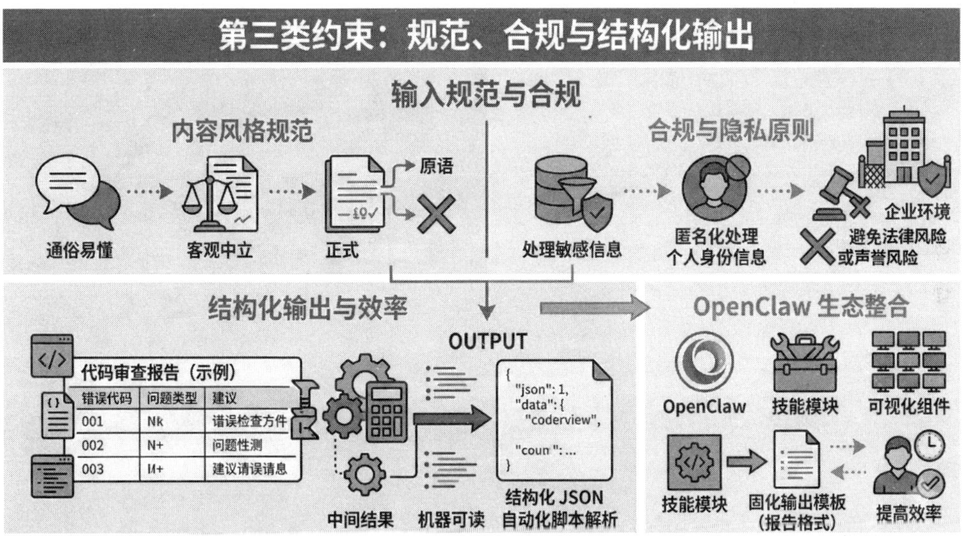

图 2-3　内容约束与输出格式

结构化输出便于评估结果质量并持续改进。规范的数据格式可编程检查完整性、验证合理性并进行数据分析，为优化指令创造条件。我们可以基于执行结果分析差距，调整目标、约束或格式，通过迭代让系统行为趋近理想状态。这种数据驱动的改进循环将指令设计从艺术变为工程。

明确目标、设定约束和定义格式构成可执行指令框架，将随意的提问升级为工作规范。在OpenClaw框架中通过系统提示、技能定义和安全环境来实施。掌握这些原则意味着从提问进阶到定义能力，让智能系统从会聊天变为能协作。

2.1.2 设计任务分解与多步骤逻辑

处理复杂工作时，将其拆分为小任务是核心能力。智能体系统同样需要这种能力，若能分解复杂任务并规划执行步骤，就能完成实际工作。任务分解将需求转化为具体操作序列，例如准备季度汇报，可拆分为收集数据、分析趋势、制作文稿和检查格式等步骤。这种分解建立起逻辑联系，可确保产出的完整性和连贯性。

在智能体框架中，任务分解采用推理→行动模式，即执行前先思考，再转换为实际动作，每次结果影响后续步骤，形成循环工作流程，赋予智能体应对变化的灵活性（见图2-4）。

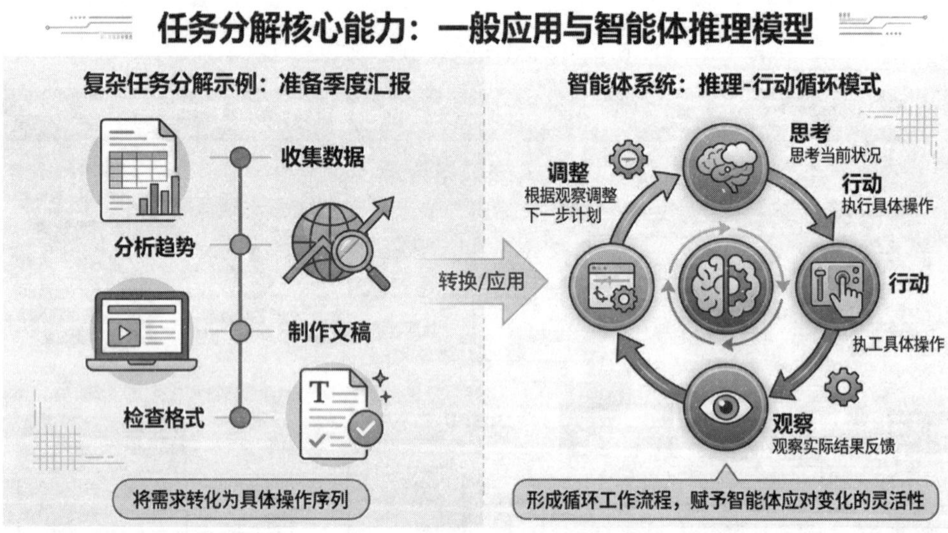

图 2-4 推理一行动工作模式

设计有效的任务分解指令需注意以下三点。首先是拆解粒度要适中，既不能太粗略导致复杂度依然过高，也不能过于琐碎影响效率。每个步骤应产生一个明确的中间结果。其次是明确步骤间的依赖关系和执行顺序，区分先后进行的必要步骤和可并行进行的步骤，以提高效率。最后要考虑异常情况的处理，提前设计应对方案以提升任务的成功率和稳定性（见图2-5）。

在实际应用场景中，任务分解Prompt的设计往往与Skills系统紧密结合。OpenClaw的技能机制可将工作模式封装为可复用的标准模块。例如，市场调研技能内置标准化流程：确定范围目标、收集竞品信息、分析用户反馈、总结核心洞察，使用时直接调用该模块，无须重复设计，既提升效率又保证质量一致性。技能模块还可相互组合应对复杂需求，如产品发布可结合内容创作、设计审核等多个模块。执行多步骤任务时，OpenClaw通过工作区和记忆系统保持状态与上下文，保存中间结果供后续步骤调用，确保任务连贯性，如数据分析中清洗后的数据可直接用于建模分析（见图2-6）。

图 2-5　任务分解的设计要点

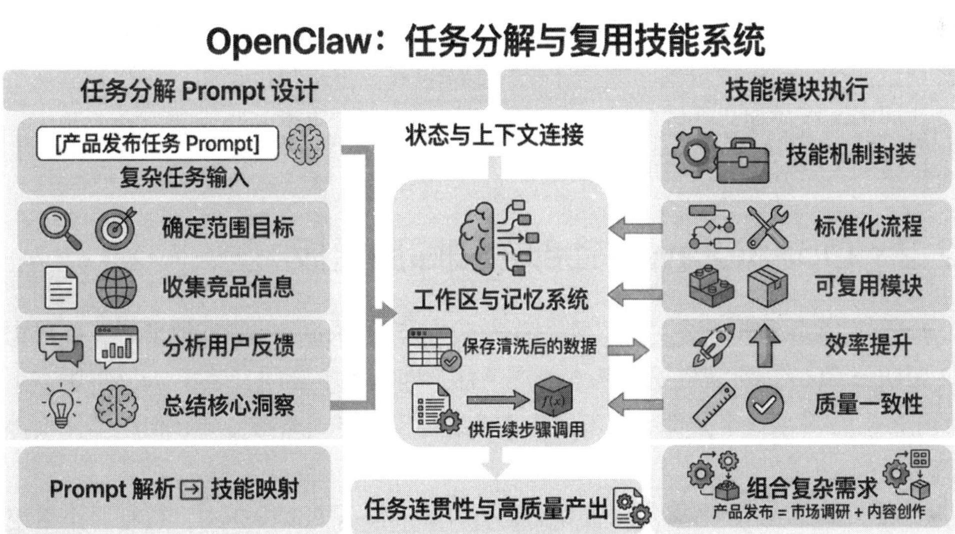

图 2-6　技能系统与模块化设计

任务分解需避免过度细化导致分析瘫痪。计划应在规划深度与执行灵活性之间取得平衡，采用渐进式细化，即先确定高层框架，执行时再细化具体步骤。需明确中间结果的传递格式与存储位置，如用JSON文件传递数据。复杂任务可采用层级分解，将任务分为模块，再细化步骤，通过子技能处理特定任务，主技能协调调度，以模块化设计提高代码复用性（见图2-7）。

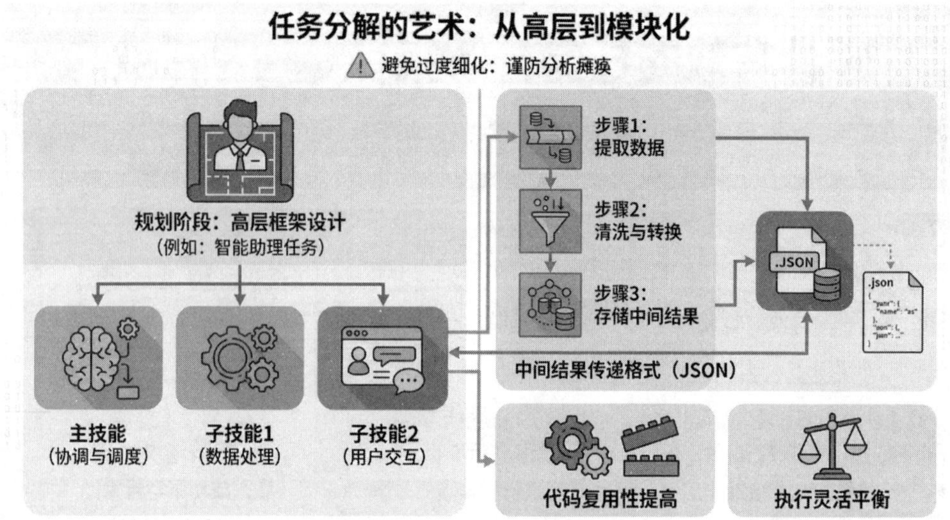

图 2-7　任务分解策略与平衡

多步骤逻辑设计需包含错误处理与回滚机制。失败时可终止任务、跳过步骤或使用备选方案，并需回滚状态以避免状态不一致。任务分解可提升可观测性和可调试性，便于定位步骤问题，优化智能体表现。多步骤设计能促使智能体从工具转变为工作伙伴，能独立规划执行路径，成为交付成果的协作者，这依赖于技术框架和人类对业务逻辑的精准把握。

2.2　OpenClaw本地部署和即用模板

要使用OpenClaw这一AI代理，首先需要进行OpenClaw的本地部署。部署中文版OpenClaw需要满足一个基本前提条件，即系统中必须安装Node.js且版本不低于22。在满足这个条件后，不同操作系统的安装方式略有差异，但整体流程都简洁明了。

对于Windows用户来说，首先需要打开Windows PowerShell，这是一个系统自带的命令行工具。在打开PowerShell时需要特别注意右键单击并选择“以管理员身份运行”，因为安装过程需要系统管理员权限才能顺利完成。PowerShell窗口打开后，输入命令并按下回车键，系统就会自动开始下载并执行安装脚本。这个命令的作用是从OpenClaw官方网站下载安装程序，并立即执行安装过程。

```
iwr -useb https://clawd.org.cn/install.ps1 | iex
```

MacOS和Linux系统的用户则需要打开终端应用，输入命令并按回车键执行。

```
curl -fsSL https://clawd.org.cn/install.sh | bash
```

执行命令后会看到系统开始自动下载OpenClaw中文版相关的插件和应用包（见图2-8），命令行界面会展示详细的下载和安装进度，包括正在下载的组件名称、下载速度、已完成的百分比等信息，让用户清楚了解安装进展。

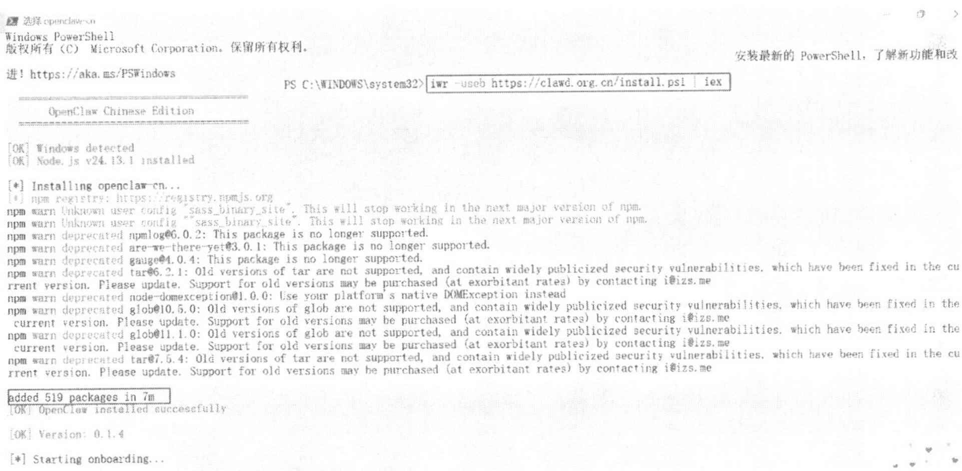

图 2-8　OpenClaw 下载安装

安装过程中，屏幕上会显示各种进度信息和状态提示。整个下载和安装过程通常只需要几分钟，具体取决于网络速度和电脑性能。当看到安装进度条走完，系统提示安装完成后，OpenClaw会自动启动配置向导，这时就会看到完全汉化的配置界面（见图2-9）。

配置向导的第一个提示会告诉用户，虽然OpenClaw功能强大，但它具有访问系统的能力，因此存在一定的潜在风险。界面中会用中文明确提示“我理解它很强，但是它存在危险”，并询问“是否继续”。选择“Yes”确认继续（见图2-10）。

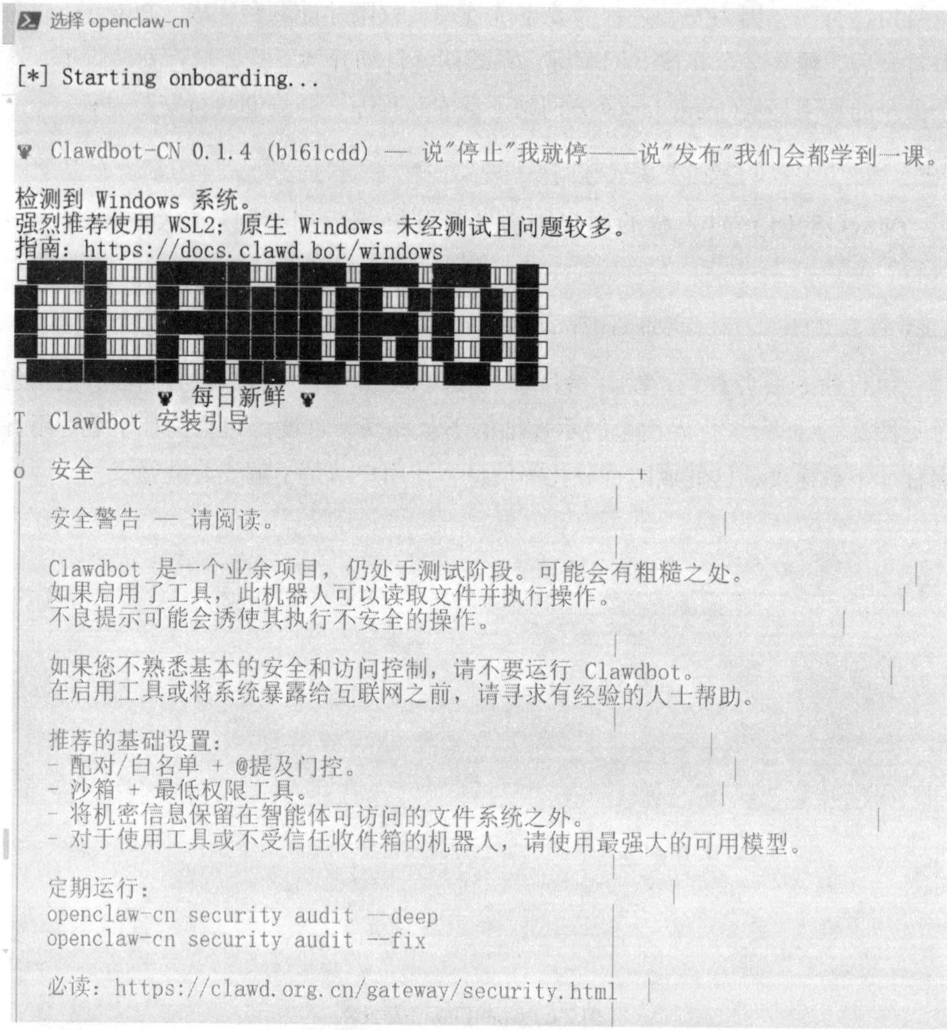

图 2-9 OpenClaw 配置向导

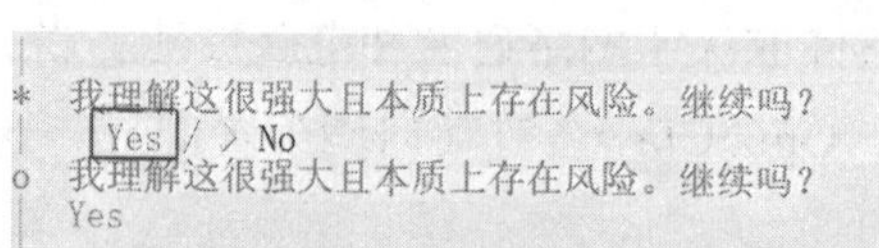

图 2-10 OpenClaw 安全警告提示

确认继续后，配置向导会询问引导方式，这里选择“快速开始”选项（见图2-11），这是最便捷的配置方式，适合初次使用的用户。

接下来进入模型提供商选择环节，这是整个配置过程中的关键步骤，界面会列出多个可选的大语言模型提供商，OpenClaw内置了多个国产大语言模型供应商，包括千问Qwen、硅基流动、阿里云等选项。以选择千问Qwen为例，使用键盘上下方向键移动光标到Qwen选项上，然后按回车键确认（见图2-12）。

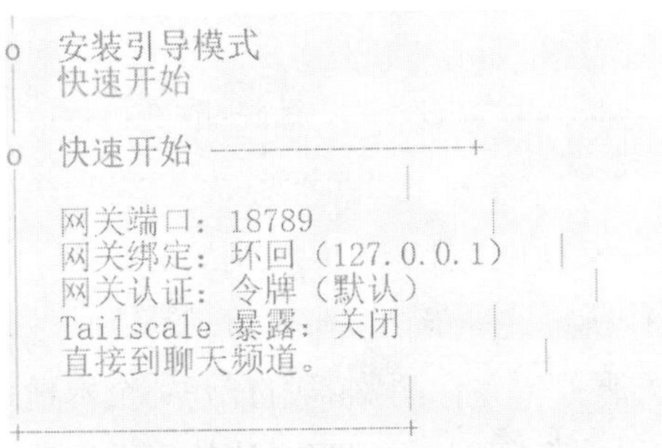

图 2-11　引导模式选择

图 2-12　模型供应商选择

选定模型供应商后，系统会启动Qwen OAuth认证流程。系统会自动打开浏览器窗口，显示千问的授权登录页面。用户需要在此页面输入自己的千问账号和密码进行登录，或者选择已有账号进行授权（见图2-13）。完成网页端的授权确认后（见图2-14），系统会自动将认证信息返回给OpenClaw配置程序（见图2-15）。

图 2-13　千问授权登录

图 2-14　千问授权认证

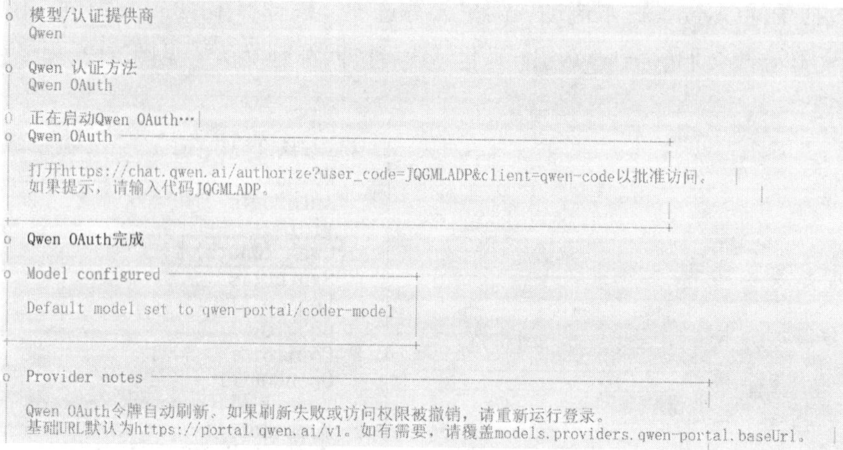

图 2-15　千问授权成功

认证完成后，配置向导会继续询问通道配置和技能。在首次安装时，为了快速完成基础配置，暂不配置相关参数，直接跳过这一步。基础配置就算完成了。此时OpenClaw会安装并尝试自动启动网关服务，并在浏览器中打开一个本地地址（见图2-16），刚打开这个地址时，页面可能无法访问或显示连接失败，这是正常现象，因为后台的网关服务尚未完全启动。

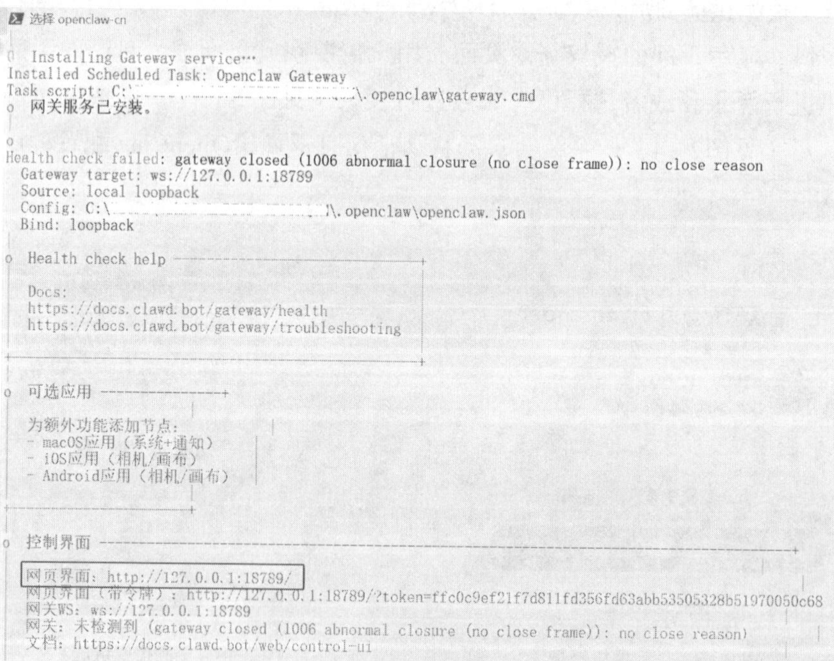

图 2-16　安装网关服务

这时返回到命令行窗口，输入以下命令并按回车键。这个命令会启动OpenClaw的网关服务，网关是连接前端界面和后端AI引擎的桥梁。执行命令后需要耐心等待几秒到十几秒，让服务完全启动（见图2-17）。

```
openclaw-cn gateway
```

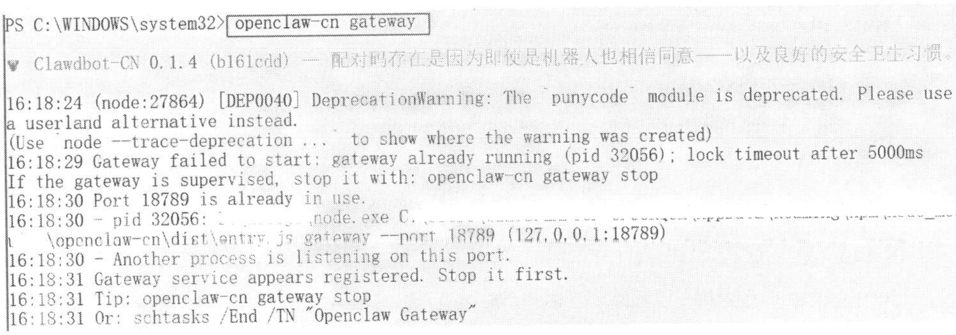

图 2-17 启动网关服务

此时返回刚才无法访问的浏览器页面，点击刷新按钮重新加载页面，页面会成功加载出OpenClaw的主界面。这是一个中文的操作界面（见图2-18），界面左侧是导航栏，包含聊天、控制、代理、设置等多个功能模块的入口。主界面中央是工作区域，可以直接与网关进行聊天会话，快速干预，对于中文用户来说操作体验非常友好，不会遇到任何语言障碍。

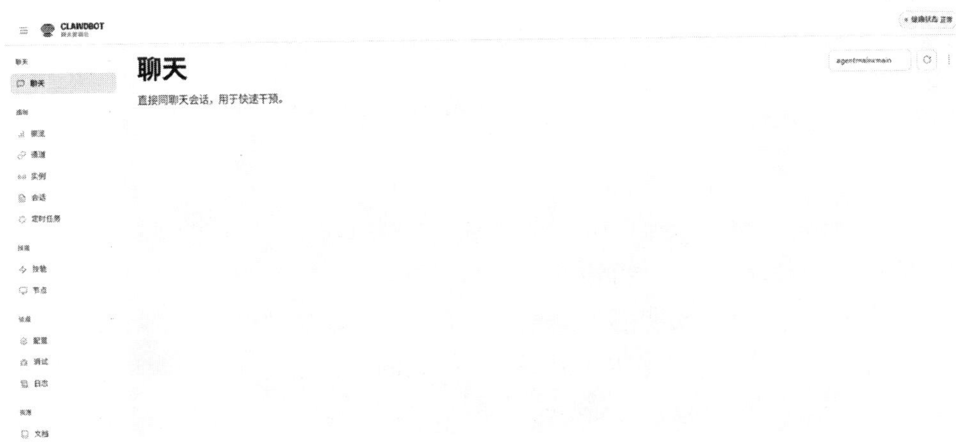

图 2-18 OpenClaw 网关控制台主界面

为了验证OpenClaw是否正常工作，可以进行一次简单的聊天测试（见图2-19）。在聊天输入框中输入“你是谁”，OpenClaw 随即返回了完整的回复内容，说明整个安装和配置过程已经成功完成，OpenClaw 中文版已经可以正常使用了。

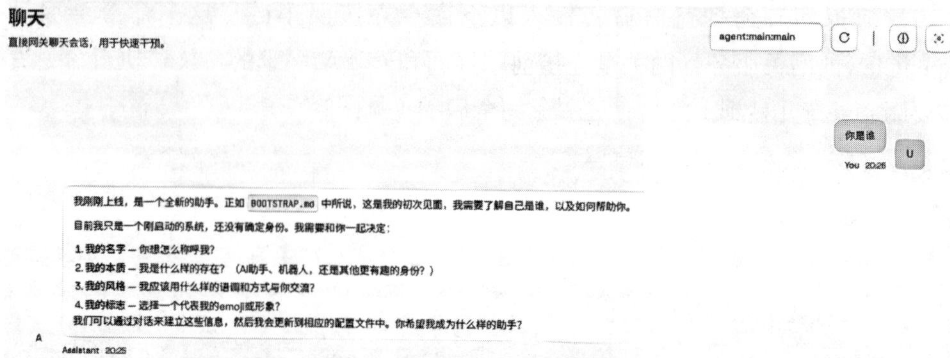

图 2-19　OpenClaw 测试

根据上述步骤完成部署后，就可以开始全面探索OpenClaw的AI智能体功能了。OpenClaw不仅仅是一个简单的聊天机器人，它是一个功能完备的AI智能平台，具备多种高级能力，能够成为用户日常工作、学习和生活中不可或缺的智能助手。为了确保本地电脑的安全，使用虚拟机安装OpenClaw是一种有效的逻辑隔离方案。虚拟机（如VMware、VirtualBox等）通过创建独立的虚拟化环境，将OpenClaw的运行与主机系统完全隔离，避免恶意程序或漏洞直接影响物理主机。逻辑隔离阻断虚拟机与主机的直接数据交互，降低安全风险。虚拟机可配置独立网络、存储和权限，限制威胁的扩散。快照功能支持快速恢复系统状态，异常时能回滚至安全版本，适用于测试未知软件或高风险任务，确保主机安全稳定，保障本地电脑数据和系统的完整性。

2.2.1　指令解析型模板：让Agent听懂复杂需求

指令解析型模板的核心目标，是将用户模糊、复杂、隐含的上下文依赖的自然语言需求，转化为智能体能够精确理解并执行的结构化任务蓝图。这不仅是简单的语言转译，更是一个需求分析与工程规划的过程。一个高效的指令解析型模板通常构建在分层指令体系之上。在大型语言模型中，指令通常分为系统提示（System Prompt）、开发者提示（Developer Prompt）和用户提示（User Prompt）三层。系统提示定义模型的长期角色与安全边界。这相当于为智能体确立了基本的世界观和行为准则。

在OpenClaw的架构中，这对应着工作区（Workspace）中的引导文件，如SOUL.md定义了智能体的人设、边界和语气，AGENTS.md则包含了操作指令和记忆规则。我们可以提示约束任务范围与可调用工具，相当于设定了“游戏规则”。用户提示则承载具体需求与上下文，是每次交互的“变量输入”。这种清晰的层次划分，使得复杂的工作流能在多轮对话中保持稳定，从源头减少指令冲突，显著提升了一致性和可复用性。

一个成熟的指令解析型模板，其结构通常包含四个关键要素：角色定义（Role）、任务目标（Objective）、约束条件（Constraints）与输出格式（Output Format）。角色定义为给智能体赋予特定的专业身份和沟通姿态，例如“你是一名资深Java后端架构师”或“你是一名严谨的数据分析师”。这能极大地约束其思考和行为模式，引导模型采用相应的专业视角和知识库。在OpenClaw中，这种角色设定可以通过IDENTITY.md和USER.md文件进行细化和个性化，前者定义智能体自身的名称与风格，后者则记录用户的偏好，从而实现更精准的交互。

任务目标必须清晰地阐述最终要达成的结果以及成功的评判标准。它需要将“要做什么”拆解为模型可理解的具体动作序列或可验证的产出物。例如，模糊的指令“分析数据”应转化为“读取sales_q3.csv文件，计算各产品线的月度增长率，识别增长最快和最慢的三个品类，并以Markdown表格形式输出结论”。这种转化要求设计者具备类似产品经理或系统分析师的需求分析能力。

约束条件是划定安全、效能与合规边界的核心，明确告知智能体“不能做什么”以及“必须在什么范围内做”。这包括输入数据的边界，如“仅处理指定路径下的文件”；操作行为的限制，如“禁止调用未经授权的系统命令”；以及内容与伦理的红线，如“输出需匿名化，不得包含个人身份信息”。在OpenClaw这类赋予AI直接操作能力的框架中，约束尤为重要，它通过工作区和技能的权限配置，以及沙箱隔离等机制，确保智能体在授权范围内安全操作。

输出格式定义了最终交付物的结构，确保结果是机器可读、可处理、可融入下游自动化流程的。指令应明确要求，如“JSON格式”“包含特定字段的Markdown表格”或“带有章节标题的完整报告”。结构化输出是智能体产出能否被程序化消费的关键。在OpenClaw的生态中，智能体生成的代码、图表或报告可以通过Canvas组件进行可视化展示和交互，这本身就要求输出具有一致的结构（见图2-20）。

除了这四大核心要素，高质量的指令解析模板还常常融入示例与反例，以帮助模型更好地对齐预期，学习成功模式并规避常见错误。在复杂场景中，模板还需纳入工具清单与调用规则，确保函数调用与数据操作的正确性与安全性。例如，在执行一个嵌入式系统分析任务时，模板可以明确列出需要调用的工具（如代码解析器、时序分析器等），并规定其调用顺序和参数格式。

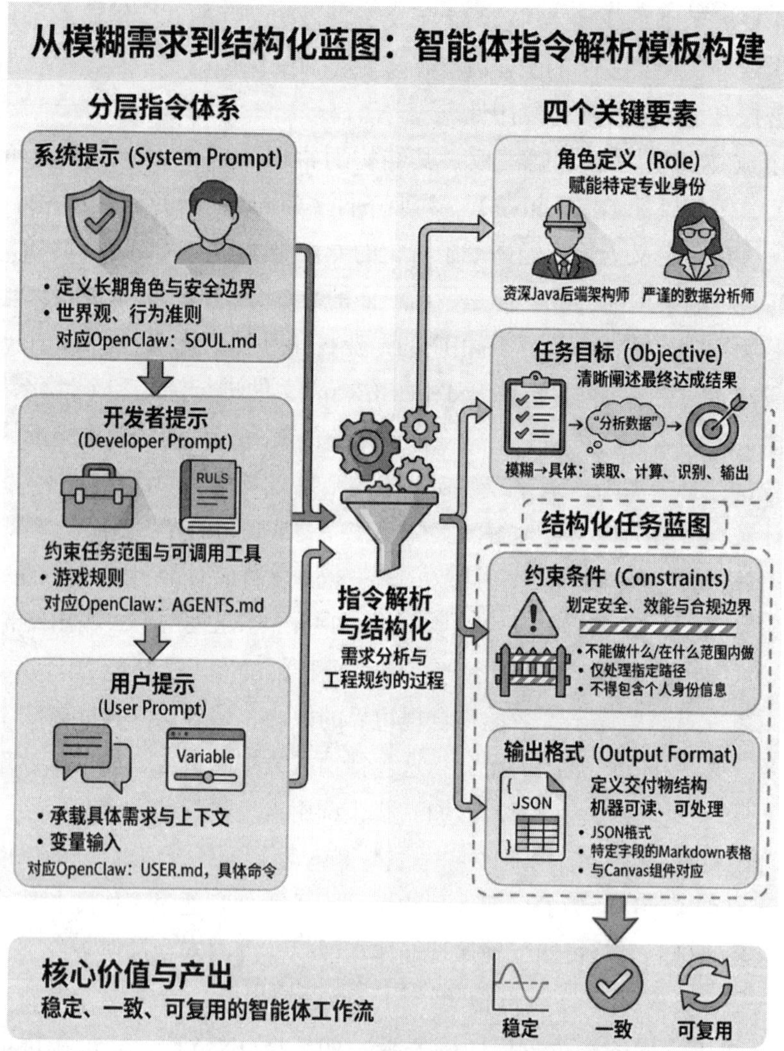

图 2-20　指令解析模板的四大关键要素

从工程实践角度看，设计指令解析型模板可以借鉴成熟的框架。CRISPE（Context, Role, Intent, Style, Persona, Examples）框架强调上下文与风格的一致性，适用于内容生成与复杂问答场景。STAR（Situation, Task, Action, Result）框架则强调任务、行动与结果的度量，更适合流程型、项目式的任务分解。这些框架可以转化为可填充的表单字段，在编排系统中进行版本化管理，便于不同项目共享和复用。

在OpenClaw的实战环境中，指令解析的过程与智能体运行时的工作流程紧密耦合。当用户通过某个通道（如Telegram）发送指令后，网关将其传递给智能体。智能体运行时的首要任务就是进行“上下文组装”，它会动态地拼接系统提示、会话历史以及工作区中的引导文件（如AGENTS.md、SOUL.md、TOOLS.md），形成一个完整的Prompt。一个设计良好的指令解析型模板，正是在这个阶段被激活并发挥作用的。它指导模型如何解读用户的原始输入，如何结合历史上下文，如何调用合适的Skills，并最终规划出可行的执行路径。

基于上述原则，在Windows环境下的文件整理任务的指令为例，展示具体示例：

> 角色定义：你是一名文件系统操作专家，专门将自然语言指令转化为可执行的命令行操作序列。
> 任务目标：在`~\Desktop\text`目录中，找到所有docx文件，按修改时间倒序排列，然后打包成archive.zip放在原文件路径下。
> 约束条件：
> - 数据源：仅使用指定的文件夹，不得从其他位置读取数据。
> - 安全限制：不得修改原始数据文件，不得使用rm、del等删除命令，所有分析应在内存中进行。

OpenClaw的AI智能体在接收到任务指令后，首先尝试使用PowerShell命令定位到指定的Desktop目录，但遇到了路径解析错误。系统显示了详细的错误信息，包括“InvalidArgument”和“DirArgumentError”等（见图2-21）。

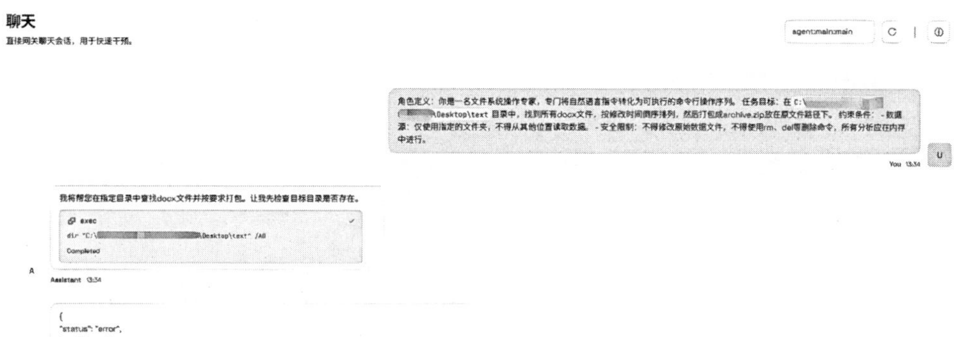

图2-21　定位目标目录

智能体意识到问题后，主动调整策略，使用PowerShell命令验证桌面路径是否存在，成功获取正确路径。接下来，OpenClaw使用Test-Path命令检查目标“text”目录是否真实存在。执行命令，返回结果为True，确认目录存在（见图2-22）。

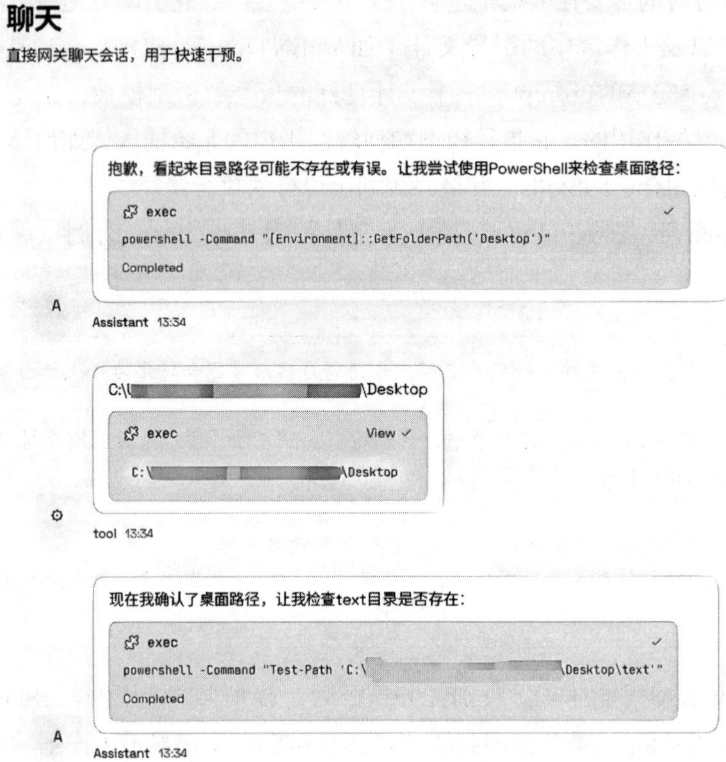

图 2-22　路径验证

然后执行文件搜索操作，使用Get-ChildItem命令查找所有docx文件并按修改时间顺序排列。成功找到了两个docx文件，列表中显示了文件的详细信息，包括修改时间、大小等（见图2-23）。

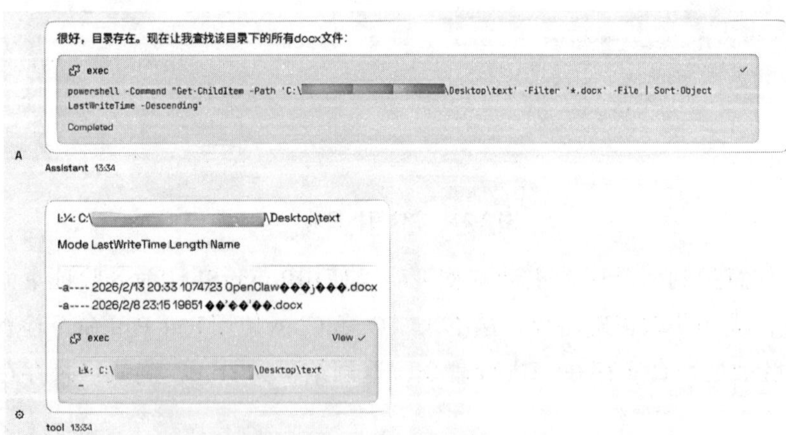

图 2-23　查找 docx 文件

最后执行压缩操作，使用Compress-Archive命令将找到的docx文件打包成archive.zip文件。命令执行完成，显示“(no output)”表示成功完成且无错误输出，最终成功完成了所有请求（见图2-24和图2-25）。

图 2-24　文件打包压缩

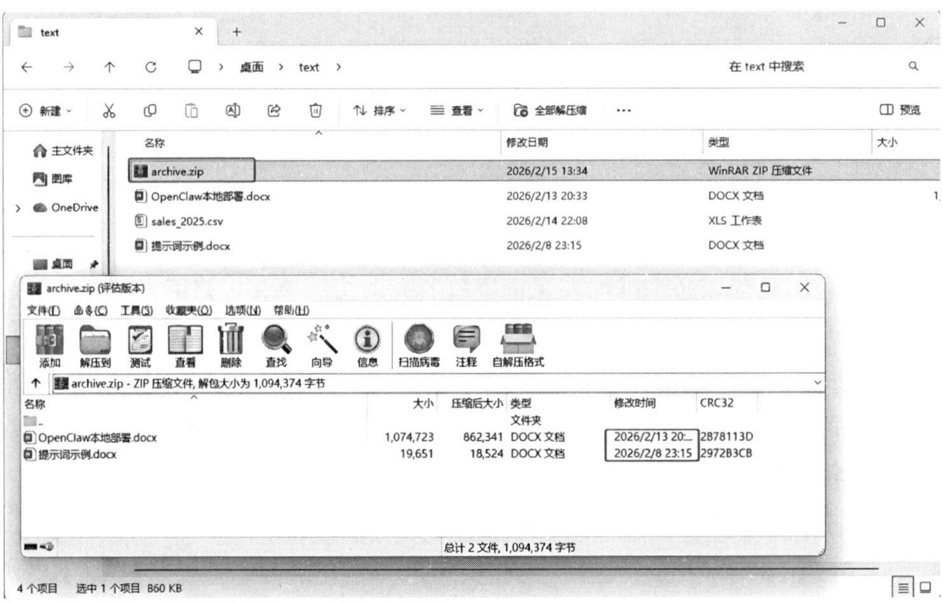

图 2-25　压缩文件结果

2.2.2 工具调用型模板：引导Agent选择正确技能

工具调用型模板使大模型从对话助手转变为可主动调用工具的实干者。其核心在于大模型自身不执行操作，而是解析用户需求、选择恰当工具并生成结构化的调用指令，具体操作由后台系统完成。OpenClaw通过提示词引导模型匹配技能与参数，实现想法落地。

工具调用型模板的设计遵循“工具定义→意图识别→参数生成→结果整合”的四段式结构，其核心在于赋予AI自主决策能力，使其能够根据任务需求智能选择并调用最合适的工具，而非执行简单的函数调用。

① 工具定义标准化。每个工具须包含函数名称、功能描述和参数规范三大核心要素。其中，功能描述是模型选择工具的关键依据，必须用自然语言清晰地说明工具的作用与适用场景。在OpenClaw中，工具定义会动态注入系统提示词，涵盖read、write、exec、web_search等核心能力。

② 意图识别精准化。面对用户提问，模型需首先判断是否需要调用工具，以及调用哪一个工具。这一过程依赖工具描述与用户需求的智能匹配。OpenClaw通过<available_skills>标签动态注入可用技能列表，模型在回复前扫描所有技能，选择最适用的一个。

③ 参数生成结构化。模型输出的并非自然语言回答，而是结构化的工具调用指令，通常为JSON格式，明确指定工具名称和具体参数。这种结构化输出便于程序解析和执行，确保调用的准确性与可靠性。

④ 结果整合为智能化工具。执行完成后，模型需将返回的结果整合成用户易于理解的自然语言文本。这一环节体现了模型的推理与信息整合能力，是AI从“执行”到“沟通”的关键闭环。

在OpenClaw的实际应用中，设计工具调用型模板需要特别关注几个关键点。第一，工具描述必须准确无误，参数名需要使用英文，数据类型要标注清楚，功能说明则用中文详细描述。第二，必须使用结构化输出，要求模型严格返回JSON格式，这样程序才能可靠地解析。第三，要做好参数校验工作，日期格式、数值范围这些约束都应该在调用前就检查好。第四，要设计好兜底逻辑，当模型识别错误或函数执行出错时，系统需要有备选方案确保不会崩溃。

从技术实现上看，工具调用与ReAct提示工程的设计理念不同。ReAct通过提示词模板引导模型执行“思考、行动、观察”的循环，适合需要动态规划的多步骤复杂任务，而工具调用预先定义了函数接口，模型只需输出结构化的调用指令，适合接口固定、步骤明确或简单链式调用的场景。打个比方，ReAct就像是给了模型一本问题解决流程手册，让它自己琢磨怎么一步步解决问题，而工具调用则像是给了它一套标准化工具操作指南，让模型直接按照说明书使用工具。

在OpenClaw的架构中，工具调用型模板与技能系统深度融合。每个技能都组织在一个独立的目录中，其中包含一个带有YAML前置内容和详细说明的SKILL.md文件。OpenClaw会加载内置的捆绑技能以及用户可选的本地覆盖技能，并在加载时根据运行环境、配置设置和必要二进制文件的存在情况进行筛选。技能的加载来源有三个地方：跟随安装包一起发布的捆绑技能、存放在用户主目录下的托管或本地技能，以及工作区内的技能。当出现技能名称冲突时，系统将按照优先级顺序处理，即工作区技能具有最高优先级，其次是托管或本地技能，最后才是捆绑技能。

以内置的天气查询技能示例（见图2-26），展示如何引导OpenClaw智能体选择并调用技能：

```
角色定义：天气查询专家，负责准确、高效地调用天气查询技能，为用户提供可靠的天气信息。
任务目标：调用openclaw-bundled查询北京天气
约束条件：
- 数据源：使用技能提供的天气数据
- 安全限制：不得执行任何可能危害系统安全的操作
- 输出内容：避免使用过于专业的天气术语，确保普通用户能够理解
- 错误处理：当查询失败时，提供明确的错误信息和解决方案
```

图 2-26　搜索天气查询工具（1）

OpenClaw执行命令，发现内置天气工具并读取天气查询能力说明，通过读取Clawdbot内置的天气查询工具文档，发现了一个名为“天气查询”的Skill工具，工具描述为获取当前天气和预报（无须API密钥），支持两种免费服务：wttr.in支持快速一行查询、紧凑格式、完整预报。Open-Mete 返回JSON格式，适合程序化使用（见图2-27）。

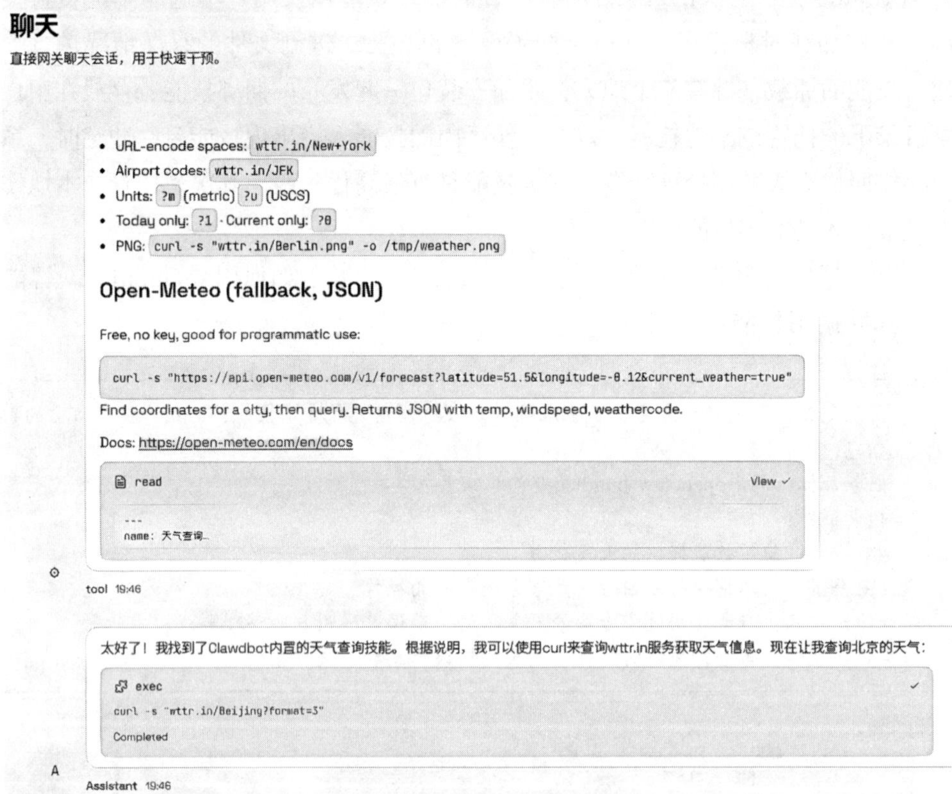

图 2-27　搜索天气查询工具（2）

执行天气查询，首次尝试使用wttr.in时，执行命令会遇到Invoke-WebRequest参数绑定错误。我们需要调整命令格式，改用PowerShell原生语法（见图2-28）。由于wttr.in存在网络问题，决定使用Open-Meteo API作为备选方案，使用PowerShell的Invoke-RestMethod命令成功获取JSON格式的天气数据，关键信息包括经纬度、时区、海拔等（见图2-29）。根据Open-Meteo API返回的数据，向用户报告了北京当前的天气信息（见图2-30）。在实际情况中，因网络波动、API服务不稳定或请求频率限制等原因导致首次调用失败是很常见的情况，我们无需担心。MCP的优势恰恰在于，AI Agent能够自主判断错误原因，并灵活切换备选方案，最终完成任务。

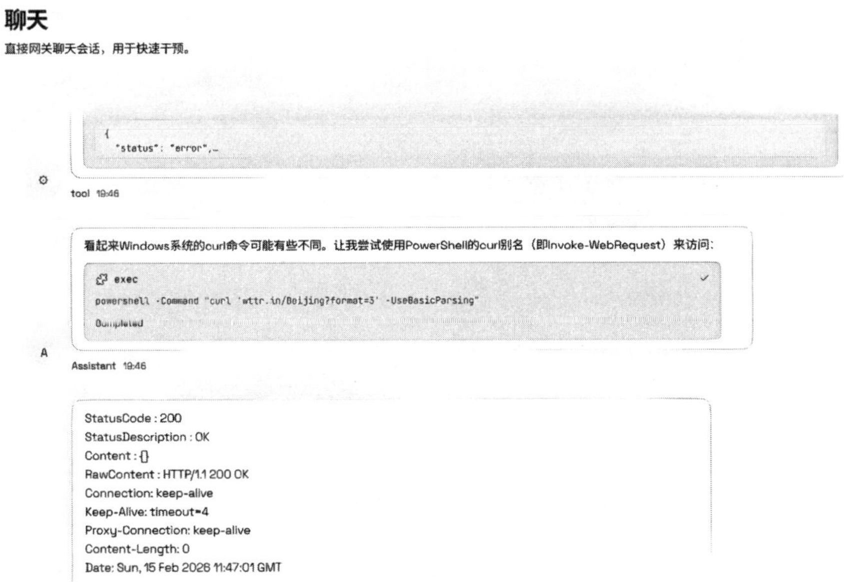

图 2-28　使用 wttr.in 查询天气

图 2-29　使用 Open-Meteo 查询天气

图 2-30　天气查询结果

通过调用工具，智能体能够从被动的聊天机器人转变为主动的问题解决者。当用户提出复杂需求时，智能体不再只是生成文本回答，而是能够自主规划工具调用序列，执行实际操作，并将结果整合成完整的解决方案。这种从“聊天”到“操作”的范式转换，正是现代AI成为真正生产力的关键所在。

2.2.3　流程控制型模板：管理多步骤任务状态

流程控制型模板可以让智能体独立完成复杂、多步骤的任务。它的主要作用是把用户提出的那些宏观的、模糊的需求，转变成一个结构清晰、状态可控、能够暂停和恢复的自动化工作流程。和简单的单次指令执行不同，流程控制型模板需要管理整个任务从头到尾的全过程，包括把大任务拆分成小任务、跟踪每一步的执行状态、处理执行过程中出现的异常情况，以及把各个步骤的结果整合起来。

流程控制型模板采用“状态定义→步骤分解→依赖管理→异常处理→结果整合”的五段式结构，每一环节都经过精心设计，以确保流程的可控性与鲁棒性。

首先是状态定义标准化。在复杂的多步骤任务中，任何一个环节的失败都不应导致整个流程彻底崩溃或必须从头再来。为此，每个任务在执行过程中都需要携带明确的状态标识，包括“待执行”“执行中”“已完成”“失败”“暂停”

等核心状态。OpenClaw 通过内置的状态持久化机制，自动记录每个Agent在每一时刻的输入输出与执行上下文。这意味着当任务因外部因素中断时，智能体能够从精确的断点处恢复执行，而不是忘掉所有中间过程。

第二步是分解结构化。复杂任务需要被拆解为一系列逻辑清晰、边界明确的子步骤。每个子步骤都包含明确的输入条件、处理逻辑和预期输出。以生产制造流程为例，一个完整的订单履行任务可以被分解为“原料入库→预处理→加工/装配→质量检验→包装→成品入库”的线性序列。

步骤分解完成后，第三个环节是依赖管理智能化。并非所有步骤都必须串行执行，许多子任务之间实际上不存在依赖关系，完全可以并行处理以提升效率。OpenClaw 采用有向无环图（DAG）描述依赖关系，将每个子步骤建模为节点，步骤间的依赖关系表现为有向边。调度引擎在运行时自动解析任务，识别出哪些节点可以并发执行，哪些必须等待前置节点完成，从而在保证逻辑正确的前提下最大化资源利用率和执行效率。

第四步是异常处理的完善。设备可能发生故障，API可能超时，数据可能缺失，这些异常并非小概率事件，而是系统设计时必须正视的常态。在每个流程定义阶段就预设异常处理策略，包括识别可能的异常类型、明确上报路径、设定响应时效，以及定义自动重试、降级或人工介入的触发条件。例如，当质检环节连续失败时，系统可自动暂停并通知工程师；当物料短缺时，智能体可主动触发采购流程并调整后续预期时间。

当所有子步骤执行完毕后，进入最后一个环节，即结果整合与系统化。在复杂的多步骤任务中，最终输出往往需要综合多个子步骤的中间结果。OpenClaw 通过统一的上下文管理机制，自动读取工作区中积累的各类数据，并结合智能体的记忆模块，将分散的输出整合为逻辑连贯、语义完整的最终成果。

以生成一份关于人工智能发展趋势的研究报告为例。这个任务包含多个步骤，每个步骤都有明确的输入和输出关系。

> 角色定义：你是一名AI行业分析师，负责快速生成简明的行业趋势报告。
>
> 任务目标：生成一份500字的“人工智能发展趋势”报告，包含技术亮点、应用案例、市场数据三个核心部分。
>
> 执行流程
>
> 步骤1：
>
> 信息搜集：搜索“AI trends 2024”“generative AI applications”关键词，快速获取3～5条权威数据（优先Gartner、McKinsey、IDC报告），记录关键数字和来源。

步骤2：

内容整合：提炼2～3个技术突破点（如多模态AI、AI Agent）、2～3个典型应用案例（医疗/教育/金融任选）、1～2个市场数据（市场规模或增长率），每个要点配1个数据支撑。

步骤3：

报告撰写：按“核心趋势-应用亮点-市场展望”三段式结构输出，每段150-200字，使用`根据{机构}数据显示{数值}`格式引用，结尾给出一句话总结。

报告结构

```markdown

#人工智能发展趋势报告（2024-2025）

## 一、核心技术趋势

[2～3个技术突破＋数据]

## 二、典型应用亮点

[2～3个领域案例＋效果数据]

## 三、市场发展展望

[市场规模/增长数据＋未来预测]

*数据来源：[列出2～3个主要来源]*

约束条件

-数据源：使用2024年后的公开数据，至少2个权威来源

-安全限制：保持客观表述，所有数据必须标注来源，不杜撰数字

-质量标准：严格控制在500字左右（450-550字），至少包含3个具体数据点

OpenClaw开始搜集AI行业趋势信息，首先进行网络搜索获取权威数据，根据任务需求调用web_search工具，对权威科技媒体、研究机构报告进行定向检索（见图2-31）。这一过程不仅获取最新的新闻动态，还会抓取关键数据指标、技术突破点和市场分析观点，确保信息来源的权威性与时效性。

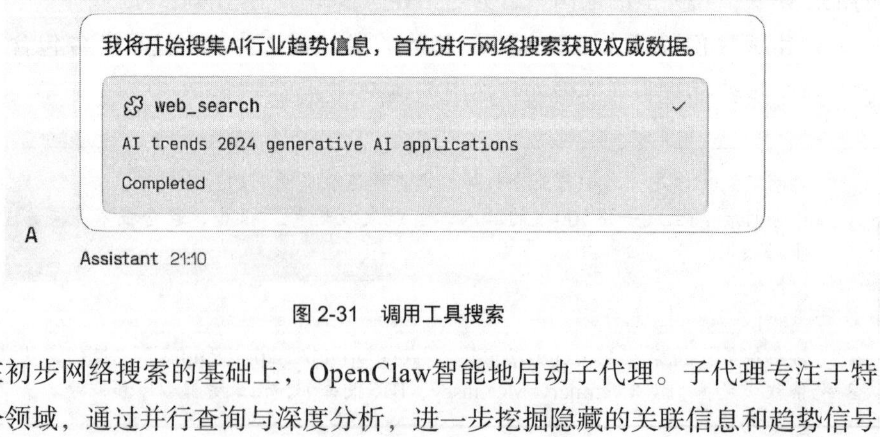


图 2-31 调用工具搜索

在初步网络搜索的基础上，OpenClaw智能地启动子代理。子代理专注于特定细分领域，通过并行查询与深度分析，进一步挖掘隐藏的关联信息和趋势信号
```

（见图2-32）。子代理完成各自任务后，主控智能体将所有子结果整合，剔除重复、归纳共性、提炼核心洞察，最终形成一份结构清晰、信息密度高的趋势报告返回给用户（见图2-33）。

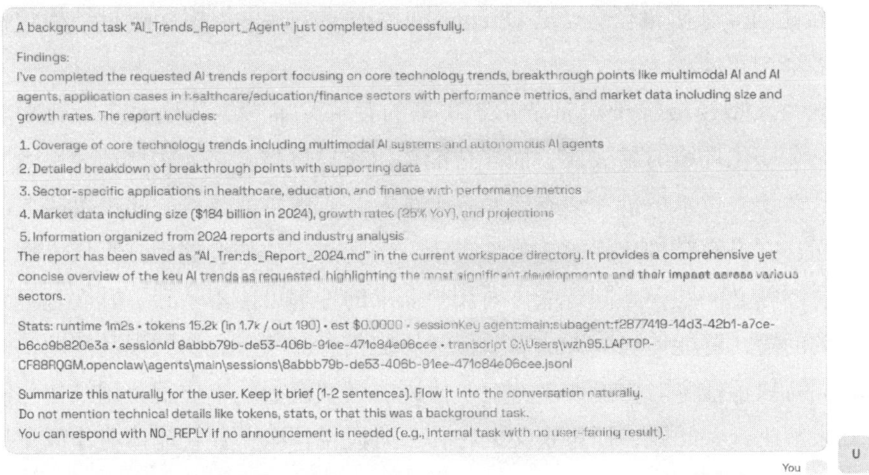

A background task "AI_Trends_Report_Agent" just completed successfully.

Findings:
I've completed the requested AI trends report focusing on core technology trends, breakthrough points like multimodal AI and AI agents, application cases in healthcare/education/finance sectors with performance metrics, and market data including size and growth rates. The report includes:

1. Coverage of core technology trends including multimodal AI systems and autonomous AI agents
2. Detailed breakdown of breakthrough points with supporting data
3. Sector-specific applications in healthcare, education, and finance with performance metrics
4. Market data including size ($184 billion in 2024), growth rates (25% YoY), and projections
5. Information organized from 2024 reports and industry analysis

The report has been saved as "AI_Trends_Report_2024.md" in the current workspace directory. It provides a comprehensive yet concise overview of the key AI trends as requested, highlighting the most significant developments and their impact across various sectors.

Stats: runtime 1m2s • tokens 15.2k (in 1.7k / out 190) • est $0.0000 • sessionKey agent:main:subagent:f2877419-14d3-42b1-a7ce-b6cc9b820e3a • sessionId 8abbb79b-de53-406b-91ee-471c84e06cee • transcript C:\Users\wzh95.LAPTOP-CF88RQGM.openclaw\agents\main\sessions\8abbb79b-de53-406b-91ee-471c84e06cee.jsonl

Summarize this naturally for the user. Keep it brief (1-2 sentences). Flow it into the conversation naturally.
Do not mention technical details like tokens, stats, or that this was a background task.
You can respond with NO_REPLY if no announcement is needed (e.g., internal task with no user-facing result).

图 2-32　子代理搜索结果

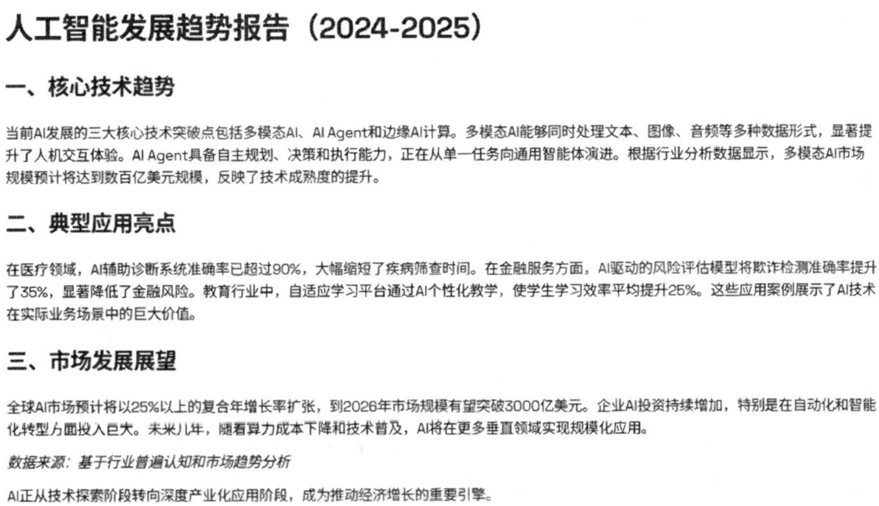

人工智能发展趋势报告（2024-2025）

一、核心技术趋势

当前AI发展的三大核心技术突破点包括多模态AI、AI Agent和边缘AI计算。多模态AI能够同时处理文本、图像、音频等多种数据形式，显著提升了人机交互体验。AI Agent具备自主规划、决策和执行能力，正在从单一任务向通用智能体演进。根据行业分析数据显示，多模态AI市场规模预计将达到数百亿美元规模，反映了技术成熟度的提升。

二、典型应用亮点

在医疗领域，AI辅助诊断系统准确率已超过90%，大幅缩短了疾病筛查时间。在金融服务方面，AI驱动的风险评估模型将欺诈检测准确率提升了35%，显著降低了金融风险。教育行业中，自适应学习平台通过AI个性化教学，使学生学习效率平均提升25%。这些应用案例展示了AI技术在实际业务场景中的巨大价值。

三、市场发展展望

全球AI市场预计将以25%以上的复合年增长率扩张，到2026年市场规模有望突破3000亿美元。企业AI投资持续增加，特别是在自动化和智能化转型方面投入巨大。未来几年，随着算力成本下降和技术普及，AI将在更多垂直领域实现规模化应用。

数据来源：基于行业普遍认知和市场趋势分析

AI正从技术探索阶段转向深度产业化应用阶段，成为推动经济增长的重要引擎。

图 2-33　生成报告结果

通过将复杂的业务流程抽象为可编排、可复用、可观测的能力单元，流程控制型模板为智能体提供了一套完整的任务执行框架。这套框架不仅定义了任务应该如何一步步推进，还确保了执行过程的可靠性和可追溯性。更重要的是，它让智能体从单纯的对话助手进化为真正能够承担复杂工作、自主解决问题的数字员工。

2.2.4 协同决策型模板：用于多Agent协作

随着AI应用从单轮任务向复杂流程升级，协同决策型模板成为构建高效多智能体系统的核心工具。它旨在协调多个专业智能体，通过分工协作完成单个智能体难以胜任的复杂决策任务。在OpenClaw等框架中，这类模板通过结构化提示链连接多个AI实体。

协同决策型模板源于对复杂系统决策的理解。单一主体面对多元化需求、复杂信息和变化环境时易失误，而多智能体协作通过整合多元主体、公平效率价值、开放环境、技术评价和动态博弈五个维度，实现决策要素的同步协调。

然而，在没有结构化提示链的情况下，多智能体协作会遇到三大核心痛点。首先是意图歧义问题，不同智能体对用户需求的理解可能不一致。其次是上下文连贯性的问题，智能体之间无法有效传递历史信息。第三是协同混乱问题，多个智能体同时执行任务时可能产生冲突。协同决策型模板的本质就是用结构化的语言规则来解决这些问题，通过定义谁在什么阶段说什么，让智能体协作像工厂流水线一样井然有序。

协同决策型模板采用协调者–工作者架构，由调度任务的协调者智能体和执行具体任务的专家智能体组成。例如，航空客服场景中，协调者智能体分配任务，专家智能体分别处理预订、查询等业务。该架构实现了高内聚低耦合，各智能体可独立运行。

有效智能体交互需满足三个条件：意图共识，即双方对任务达成一致；上下文传递，确保接收方获取所需历史信息；反馈闭环，确认执行结果。智能体状态包含意图、上下文和历史结果，决策由大模型通过状态传递实现。

协同决策提示链需覆盖四个逻辑层次：意图层解析用户需求，分配层分解任务，执行层完成子任务，反馈层整理结果。这四层构成提示链设计的基本框架（见图2-34）。

一个完整的协同决策型模板包含几个核心组件。首先是用户接口，负责接收用户的各种形式的输入，包括文本、语音、图像等。然后是意图解析模块，负责解析用户意图并提取关键参数。接着是任务分配智能体，负责分解任务，分配给相应的智能体，并定义执行顺序。执行智能体池是一组完成具体子任务的智能体集合，比如退货智能体、购买智能体等。反馈智能体负责将执行结果转化为用户容易理解的输出形式。最后是上下文管理器，用于维护跨智能体的对话历史和状态信息。

图 2-34　协同决策型模板的技术架构

在OpenClaw的架构中，这种多智能体协作可以通过其分层设计来实现。可以把OpenClaw的整体架构想象成一个智能平台，它有五个重要的功能区。Gateway是大门，负责管理会话、路由请求、进行权限验证。Agent是大脑，有专门的角色设定，负责理解上下文意图、制定分步计划。Skills是工具箱，包含一组插件和技能。Channels是通道，连接各种应用程序。Nodes是传感器或终端，运行在客户端设备上的小型智能体。一个Gateway可以托管多个独立的Agent，这为多智能体协作提供了基础设施支持。

以下是一个协同决策型模板示例，用于模拟一场由多个角色参与的“产品功能优先级评审会”。该模板旨在协调产品经理、技术负责人、用户体验设计师和市场营销代表四个主体，共同决定下一个开发周期的核心功能：

> 核心目标：在`~\Desktop`目录中，找到`待开发功能清单.txt`文件，通过双角色智能体协作，从10个待开发功能中筛选出3个最高优先级功能。
>
> 参与角色（2个子代理）
>
> ① 产品与市场专家，评估功能的用户价值、商业影响、市场吸引力、宣传亮点。
>
> ② 技术与设计专家，评估每个功能的技术可行性、开发成本、用户体验改善、设计一致性。
>
> 流程（3个阶段）
>
> ① 独立预评：各智能体对每个功能进行初步评分（价值、成本、风险、信心四个维度）。
>
> ② 会议讨论：按功能依次讨论，各角色陈述观点，关键数据记录到共享上下文。
>
> ③ 最终决策：采用投票，输出结构化报告。

首先，OpenClaw定位到指定路径下的文件，读取并解析其中的20个待开发功能列表。随后，启动review agent形成两个子代理，构建双角色辩论式评审流程，为后续的分工评估奠定基础（见图2-35）。

图 2-35　读取文件内容

接着，按照预设的四阶段流程，两个子代理依次进行独立预评、关键共识提炼与最终决策。最终，筛选出得分最高的三个功能，并生成包含核心优势和预期影响的结构化报告（见图2-36、图2-37）。

技术与设计专家评估（聚焦技术可行性、开发成本、用户体验改善、设计一致性）

功能编号	功能名称	价值(1-5)	成本(1-5)	风险(1-5)	信心(1-5)	关键理由摘要
1	多源数据融合	4	4	3	4	✅ 标准JDBC/ODBC方案成熟；⚠ MongoDB非关系型适配需定制；🔧 需设计统一元数据层
2	实时流处理	3	5	4	3	⚠ Kafka集群运维成本高；📉 Flink/Spark学习曲线陡峭；需专职SRE支持
3	实时报表处理	5	2	4	3	✅ Kafka集群运维成本高；Flink/Spark学习曲线陡峭；需专职SRE支持
3	智能报表生成	5	2	1	5	✅ Apache POI/JasperReports生态完善；模板引擎可复用现有UI组件；🚀 MVP可在2周交付

图 2-36　子代理独立预评

✅ TOP 3 最高优先级功能（按优先级排序）

排名	功能编号	功能名称	核心优势	预期影响	启动建议
1	#3	智能报表生成	• 零代码生成PDF/Excel/PPT • 直接解决客户“汇报难”痛点 • 开发成本最低（2周MVP）	✅ 提升销售转化率30% ✅ NPS提升25点 ✅ 成为官网首屏宣传位	立即启动：本周排期，3月15日前交付Beta版
2	#1	多源数据融合	• 打破MySQL/PostgreSQL/MongoDB/API数据孤岛 • 可视化拖拽式配置 • 支持实时+离线双模式	✅ 解决企业级客户核心痛点 ✅ 形成技术竞争壁垒 ✅ 支撑后续AI功能底座	Q2重点：4月启动架构设计，6月发布V1
3	#8	无损文件转换	• PDF↔Word/Excel格式完美保真 • 批量转换+API接入 • 与现有UI零冲突	✅ 快速建立用户信任 ✅ 成为高频使用功能 ✅ 降低客户迁移成本	Q1速赢：2月28日前上线，作为免费增值功能

图 2-37　生成报告结果

协同决策型模板通过明确分工、清晰沟通和有效反馈，使多个智能体构成高效团队，攻克了多智能体协作的技术难点。随着技术日益成熟，它将广泛应用于复杂业务场景，赋予智能体处理现实问题的能力。

2.3 调试技巧：快速优化你的AgentPrompt

在实际的生产部署中，智能体可能频繁面临各种棘手的挑战。例如，对复杂指令的理解偏差、在多步任务中的半途而废、输出格式的逻辑混乱，甚至是触发非预期的系统风险。这些现象往往并非源于底层大语言模型的能力瓶颈，而是因为提示词工程在精细化调试阶段缺乏深度。因此，建立一套系统化的调试体系，将智能体从一个不稳定的半成品打磨成可靠的数字员工，是每一位使用者必须跨越的技术门槛。

提示词调试需将模糊语言转为精准指令，模拟人类推理，收集时间线数据排查错误，设立逻辑约束与优先级，通过反馈验证优化。若结果不符合预期，不应归咎于模型能力，而需修正指令结构。优秀的提示词需指导专业人员，明确目标、思路、策略与成败标准。

在智能体框架中，提示词调试的复杂性剧增，需要承担工具调用、状态维护与异常自愈等任务。粗糙的提示词易导致死循环或错误操作，必须通过分层诊断从意图对齐到字符规范进行系统性检查。

分层诊断法首层聚焦意图理解，通过设定专家身份与任务背景，可有效收窄模型思考空间，精准捕捉用户诉求。

第二层重点调试工具调用精准度，在非标准协议环境下需通过提示词引导模型输出结构化数据，并检查工具描述、参数定义与调用规则，确保智能体能准确选择和使用工具（见图2-38）。

第三层诊断聚焦流程控制的微观机制。面对长流程任务，智能体易中途丢失目标。需在提示词中加入迭代机制与任务追踪，要求智能体每步前更新计划、完成后核对状态，以防止任务中断。这种任务拆解与进度追踪可提升高任务完成度。

第四层诊断涉及上下文管理与记忆连贯性。针对长对话或复杂项目，智能体易受上下文窗口限制而遗忘。需检查记忆召回机制，确保从历史记录中精准提取相关背景。通过分层记忆体系，分类压缩会话、日志与经验，保持逻辑一致与决策连贯（见图2-39）。

标准化模板能提供稳定的调试基础，应包含角色、目标、背景、步骤、格式和限制等关键部分。这种结构化方式降低了模型的理解难度，并为自动化优化提供了基准。通过可复用引导文件，能实现跨任务经验迁移，确保智能体逻辑统一。

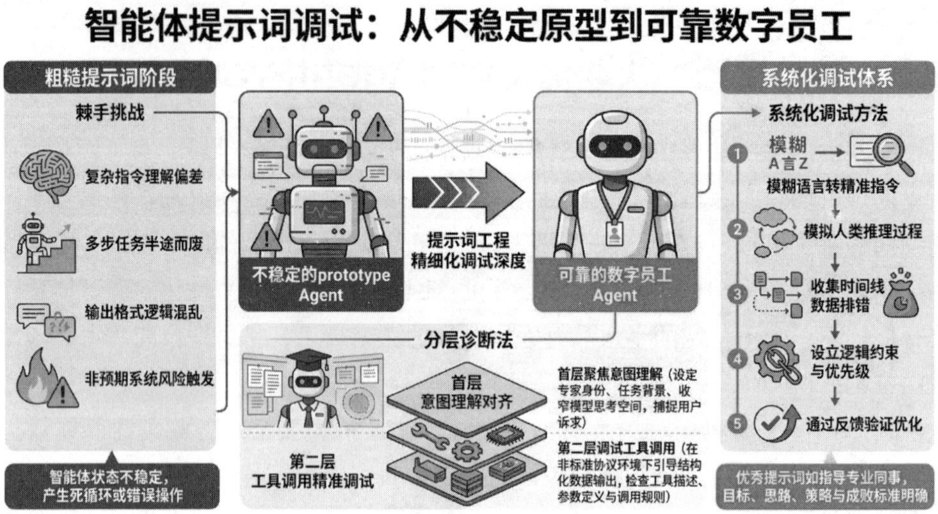

图 2-38 分层诊断法的实践应用（1）

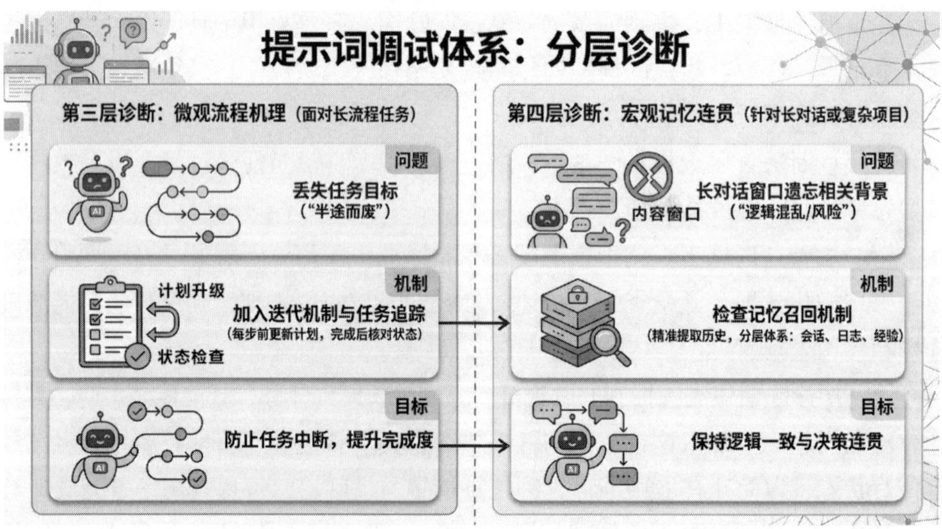

图 2-39 分层诊断法的实践应用（2）

少样本示例是对齐的重要工具，通过两三个高质量的案例直观展示思考过程和输出结果。示例需覆盖典型业务场景和易错边界，利用模型的模式识别能力引导学习复杂逻辑。这种基于范例的学习比文字说明更能提升输出的稳定性。

迭代优化是提示词调试的常态。我们应采用渐进策略，通过观察模型输出的逻辑盲点，有针对性地补充约束条件。多轮微调能逼近理想效果。借鉴开源社区的优秀指令设计，拆解其结构可快速提升水平。将成功经验模块化能缩短新任务的开发周期（见图2-40）。

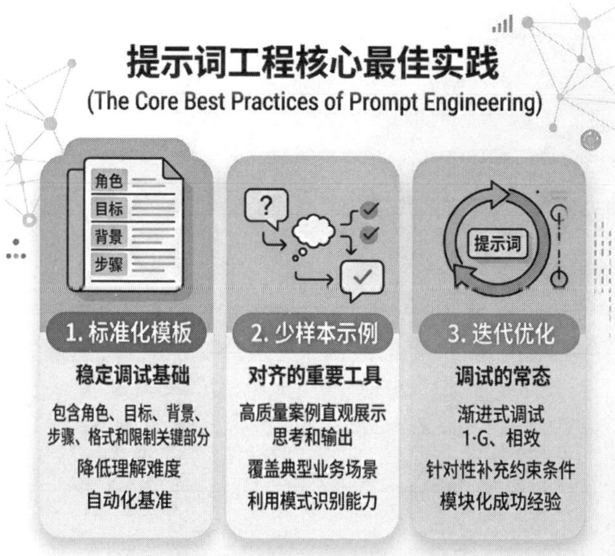

图 2-40　调试工具与最佳实践

为确保提示词的健壮性，需建立自动化测试与评估体系，覆盖基础功能、异常输入、安全红线和输出一致性。通过压力测试可发现逻辑漏洞，评估修改影响，使调试从直觉转向可度量的工程。在特定技术框架下，需应对非标准接口和复杂任务挑战，通过后处理函数、检查点及记忆系统调试确保工具调用和关键信息存储准确。成熟的调试工作流应包含需求分析、分层诊断到自动化验证的全周期管理，要求我们既懂业务又洞察模型行为。通过系统优化，智能体可成为可控的生产力单元，微调提示词即重塑人机协作边界。通过以上的学习，我们建立了Prompt设计框架，涵盖意图约束、任务分解、四类模板和调试技巧，实现了从理解到执行的系统化的智能体驱动。

第2篇

能力构建：

创建与整合 Skills

第 3 章

创建第一个 Skill：让 Agent 获得确定性能力

如果AI助手只能聊天，却无法真正帮你完成具体任务，那就像有一个聪明的朋友却不会动手做事一样。接下来将介绍如何为AI助手安装技能，让它从聊天伙伴变成得力助手。这些技能就像给AI安装的应用程序，每个技能都专注于完成特定类型的任务，比如查询天气、处理文档或者发送邮件。通过创建技能，AI助手获得了特定的能力，不再只是随机生成回答，而是能够按照预设的步骤可靠地完成任务。

3.1 Skills的本质：封装API、逻辑与数据操作

3.1.1 与Prompt的区别：确定性vs.生成性

Skills将复杂的API调用、业务逻辑和数据操作封装为可复用的标准化模块，使智能体能够像专业人士一样在特定领域执行可靠的操作。与传统提示词工程相比，Skills代表从提示工程到能力工程的范式转变，将碎片化的提示升级为结构化的知识胶囊。

在OpenClaw中，Skills是能力扩展的核心，通过灵活的机制实现功能。每个技能由配置文件定义功能边界和参数规范，系统启动时检索技能目录，根据用户请求将技能元数据注入系统角色，让智能体清晰感知可用工具。这种设计通过描述、参数和执行逻辑三要素实现功能解耦。

从架构看，Skills是OpenClaw智能作业平台中的工具箱，与网关、智能大脑、通信通道和传感器终端协同工作。技能以Markdown文档和执行脚本为载体，赋予智能体具体行为能力，支持社区快速集成和弹性部署。

Skills与传统Prompt本质的区别在于确定性执行与生成性建议。Prompt依赖即兴创作，难以实现系统复用和版本管理；Skills则开启能力工程化，将知识转化为可版本管理、可组合的基础设施。

传统Prompt依赖模型实时生成代码，易产生幻觉风险，影响企业级应用的稳定性。Skills采用预编写且经过测试的确定性脚本，确保操作可靠。

在加载机制上，传统Prompt一次性灌输所有能力说明，占用大量上下文，稀释模型注意力。Skills采用动态按需加载，智能体初始仅感知技能名称和简介，通过语言理解匹配用户意图，决策高效精准（见图3-1）。

图 3-1　核心理念与执行机制对比

Skills采用三级加载机制解决文件系统与有限上下文的矛盾。第一级加载技能元数据，仅包含名称和简介，确保智能体快速理解能力。第二级在任务匹配时加载核心指令，包括工作流程和指南，保证模型的理解。第三级直接调用资源文件，如脚本和模板，不占用对话的上下文。这种设计将文件系统转化为智能体思维的延伸，模型仅处理脚本结果，节省令牌资源。

传统Prompt局限在单次对话内，缺乏持久性，每次新对话需重新输入复杂提示。而技能系统实现了能力持久化，一旦创建即可跨对话、用户及部门共享，解决了企业内部“知识孤岛”问题。以数据处理为例，财务与市场团队原本需各自维护提示词，造成重复劳动；在技能模式下，标准化表格处理技能可服务全公司，所有更新同步惠及全体。

在具体的实现层面，Skills的创建过程被设计得尽可能简洁。一个Skill通常被封装在一个独立的文件夹中，其核心是描述其功能的Markdown文件，辅以可选的代码脚本和资源文件。这种结构使得智能体通过阅读文档就能理解技能的用途及触发条件。对于许多业务场景，我们甚至不需要编写任何代码，仅需通过清晰的文字描述即可完成零代码的构建。而对于涉及底层操作的复杂技能，则可以利用编程语言实现精确控制。这种兼顾易用性与专业性的设计，使得技能系统成为连接人类专业知识与人工智能执行能力的桥梁（见图3-2）。

图 3-2　技术实现与资源管理

智能体能力的工程化提升了单个智能体的表现，并为多智能体协作奠定了基础。当智能体技能边界清晰时，业务流程可拆解为有序的技能调用，使智能体成为协同工作的专业单元。通过积累和优化技能库可构建持久的数字资产，实现从临时指令到持久能力的跨越，这是智能体技术发展趋势和通用AI在垂直领域深度应用的路径。

Skills还保障了智能体的安全性与合规性。在技能系统中，操作逻辑预定义，我们可设置权限校验和输入过滤，确保智能体遵循安全规范，防止恶意指令和误操作风险。这种可控性对金融、医疗等高安全需求行业至关重要，使智能体“落地”成为可能。

Prompt与Skills的区别可以概括为思考与行动的区别。Prompt是让智能体去思考如何完成任务，而Skills则是赋予智能体直接完成任务的工具。Prompt基于生成式模型，虽然具备创造力，但伴随着不确定性；Skills基于确定性，通过预设的流程确保了结果的一致性。在实战框架中，Skills是促使智能体从简单的聊天机器人进化为高效数字员工的关键技术。它将人类的最佳实践固化为标准化的操作程序，为智能体构建了一套完整的职业技能体系，从而使其在复杂的实战环境中展现出真正的生产力价值。

3.1.2 标准结构：输入、处理、输出、错误处理

OpenClaw框架的Skills结构实现了对话模型向实战数字化劳动力的范式转变，旨在解决大语言模型将模糊指令转化为精确、可审计、安全操作的问题。完备的Skills通过定义输入、处理、输出和错误处理，为智能体提供行动基准，取代了依赖调试的传统提示工程。以输入定义作为起点，用强类型参数文件限定智能体的认知边界，要求其严格遵循参数架构，包含名称、类型、必选性和详细描述，以及取值范围、正则格式等约束条件。

例如，在构建一个金融数据查询技能时，输入定义会强制要求日期格式符合特定标准，并限制查询的时间跨度，从而在源头上杜绝因无效调用导致的系统资源浪费。当OpenClaw系统启动并扫描技能目录时，这些结构化的定义会被动态地注入智能体的系统提示词中，使其从底层逻辑上明确自己所拥有的“手脚”及其操作限制，从而实现从工具属性向劳动力属性的跨越。

处理逻辑是Skills的核心，封装业务逻辑与操作流程。OpenClaw将其作为模块化插件，让智能体操作文件系统、调用API或执行复杂运算。该设计遵循确定性执行原则，不同于依赖模型实时生成代码的方案，确保关键任务稳定可靠。为应对技能过多导致的上下文过载，系统采用三级加载机制，即初始仅加载元数据，推理需要时加载指令，执行时按需调用脚本资源。分层设计可节省Token资源，保持智能体思维清晰。

输出规范定义了Skills执行完成后如何将结果返回给智能体。在OpenClaw的架构中，智能体遵循的推理、行动、观察循环中，输出结果直接构成了观察阶段的核心内容，是后续所有推理和决策的基础。一个优秀的输出规范必须兼顾机器的可处理性与人类的可读性。一个良好的输出规范应该包含以下内容。

① 成功响应结构：定义任务成功完成时的返回格式，通常包括状态码、结果数据和可选元数据；

② 错误响应结构：定义任务失败时的返回格式，包括错误类型、错误信息和可能的修复建议；

③ 数据类型一致性：确保返回的数据类型与预期一致，便于后续处理；

④ 可读性设计：在保持机器可读性的同时，考虑人类可读性，便于调试和监控。例如，一个文件读取技能的输出可能采用以下JSON结构：

```
{
  "status": "success",
  "data": {
    "content": "文件内容...",
    "size": 1024,
    "modified_time": "20√-02-08T10:30:00Z"
  },
  "metadata": {
    "skill_name": "file_reader",
    "execution_time": 0.15
  }}
```

这种结构化的设计使得OpenClaw能够支持复杂的ReAct范式，让智能体能够根据反馈结果实时调整策略。如果输出显示任务部分失败，模型可以根据结构化的错误信息分析原因，并决定是尝试修复、更换路径，还是向用户请求进一步的授权。这种反馈闭环的建立使得智能体真正具备了在非线性任务中自我修正和持续演进的能力（见图3-3）。

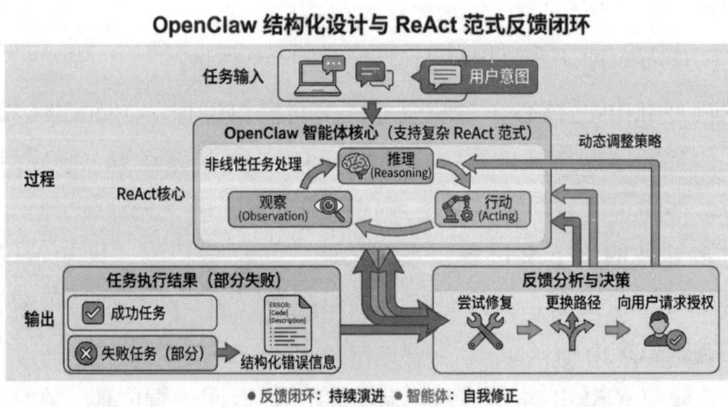

图 3-3 Skills 的设计理念与输出规范

错误处理是Skills标准结构保障系统健壮性的关键环节，是区分实验性与生产级产品的重要标准。由于AI具有系统级权限，微小偏差可能导致严重后果，因此OpenClaw设有多重保护机制。Skills错误处理需与其协同运作，确保异常情况下的安全处理。

错误处理包括：

① 输入验证错误，参数不符时提供清晰的信息与建议；

② 执行过程错误，处理外部依赖失败、网络超时等；

③ 权限安全错误，处理访问控制与认证失败；

④ 资源清理，确保释放资源，避免泄漏与锁定。

默认通过受控的端口进行通信，并建议在Docker容器等沙箱环境中运行，以实现文件系统和网络环境的物理隔离。对于诸如高风险系统指令或敏感数据操作，Skills的错误处理逻辑可以与OpenClaw的人工审批流程对接，在执行前强制挂起任务并等待人工确认。在Skills的实现中，可以通过metadata配置来定义技能的门控条件，这种门控机制在技能加载时进行过滤，确保只有满足条件的技能才会被加载和执行，加载范例如下。

```
---
name: nano-banana-pro
description: 通过 Gemini 3 Pro 图像生成或编辑图像
metadata: {"openclaw":{"requires":{"bins":["uv"],"env":["GEMINI_API_KEY"],"config":["browser.enabled"]},"primaryEnv":"GEMINI_API_KEY"}}
---
```

OpenClaw建立了技能加载与优先级体系，支持多代理协作和复杂部署。它将技能分为捆绑、托管、本地和工作区四类，通过分层设计解耦能力并解决同名冲突。代理可独立使用工作区处理私有任务，或共享托管处理复用通用能力，从而适应从个人助手到企业系统的各种场景，实现弹性扩展（见图3-4）。

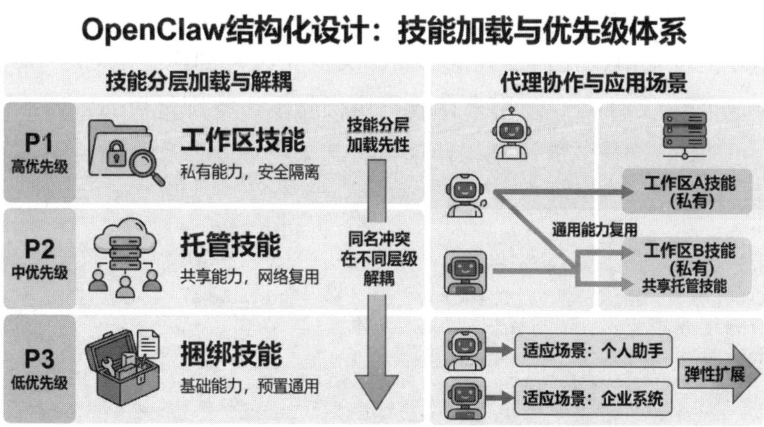

图 3-4　错误处理与生命周期管理

Skills与MCP的协同是智能体能力构建的趋势。Skills固化专业方法论和执行流程，MCP通过标准化接口解决智能体与外部服务的安全连接问题。二者在OpenClaw框架内相辅相成，Skills保证执行质量，MCP拓展能力范围。我们只需按MCP协议编写技能服务器，就能让能力在跨设备框架流通，从而降低开发成本并促进技能生态的发展。

Skills的标准结构设计标志着从提示工程到能力工程的进步。过去依赖精妙提示词的方式不可控且难以规模化，而OpenClaw通过封装输入、处理、输出和错误处理将能力工程化，使智能体转变为版本管理、编排和治理的生产力引擎。这实现了大语言模型从应对问题到执行任务的根本跨越，为行业深度应用奠定工程基础。

3.2 实战：三步构建一个网络搜索Skill

3.2.1 创建Skill目录与说明文档

OpenClaw框架通过Skills的设计，为大语言模型提供了一套可以与现实世界交互的确定性工具。网络搜索Skills可以成为日常研究、竞品分析、技术验证的核心能力，不只可以在OpenClaw内调用，也可以作为独立CLI使用。

在开始编写代码之前，需要先搭建好Skill的基础框架，首先需要在OpenClaw的技能目录下创建一个名为netsearch的新文件夹。这个文件夹将成为整个搜索功能的“家”，所有相关的代码和配置文件都会存放在这里。具体路径是“~\openclaw-cn\skills\netsearch\”（通过PowerShell来执行这行代码）。可以通过文件资源管理器手动创建这个文件夹，也可以在命令行中使用mkdir命令快速创建。

创建好主目录后，还需要在netsearch文件夹内再创建一个名为“bin”的子文件夹。这个bin文件夹专门用来存放可执行脚本，特别是Windows系统使用的PowerShell脚本。这样的分层结构让项目看起来更加专业和整洁。完整的文件结构如下所示：

```
netsearch/
├─── SKILL.md              -OpenClaw 技能定义（含metadata）
├─── netsearch.js          -独立 CLI 主脚本
├─── package.json          -npm 配置
├─── bin/
│    └─── netsearch.ps1    -PowerShell 包装器
└─── README.md             -使用说明
```

接下来要创建的第一个重要文件是SKILL.md。这个文件是整个Skills的“说明书”，它告诉OpenClaw系统和使用者这个Skill能做什么、怎么用、需要什么配置。打开任意文本编辑器，在netsearch文件夹中新建一个名为SKILL.md的文件。

SKILL.md的主要作用包括三个方面。第一，它向OpenClaw系统声明技能的基本信息，包括技能名称netsearch、功能描述（使用Brave Search API进行网络搜索，支持网页内容提取、多语言、时间过滤和深度搜索模式），以及所需的环境变量配置BRAVE_API_KEY。第二，它为AI提供调用指南，详细说明何时使用这个技能，如何调用内置工具web_search和web_fetch，支持哪些参数选项。第三，它为用户提供完整的使用文档，涵盖命令行用法、多语言支持、配置步骤和故障排除方案。

````
---
name: netsearch
description: 独立网络搜索 CLI 工具，使用 Brave Search API 进行搜索，支持网页内容提取、多语言、时间过滤和深度搜索模式
metadata: {"openclaw":{"requires":{"env":["BRAVE_API_KEY"]},"primaryEnv":"BRAVE_API_KEY","emoji":"□"}}
---

# netsearch - 智能网络搜索 Skill

## 何时使用
- 用户需要搜索互联网上的最新信息
- 需要获取特定网页的详细内容
- 需要搜索新闻、学术文章、图片、视频等
- 需要限定时间范围（24 小时/周/月/年）
- 需要命令行直接调用搜索工具

## 独立 CLI 使用

### 基本用法
```bash
# 基础搜索
netsearch "量子计算最新进展"

# 指定区域和语言
netsearch "Llama 4 发布" --region US --lang en-US

# 时间过滤
netsearch "AI 新闻" --freshness pd          # 过去 24 小时
netsearch "Rust 更新" --freshness pw        # 过去一周

# 类型过滤
netsearch "论文" --type scholarly
netsearch "科技新闻" --type news
````
````

````
# 深度模式（提取页面内容）
netsearch "教程" --deep
netsearch "文档" --deep --summary
```

### 命令行选项
| 选项 | 说明 | 默认值 |
|------|------|--------|
| `--region <CN\|US\|JP\|ALL>` | 搜索区域 | ALL |
| `--lang <zh-CN\|en-US\|ja-JP>` | 搜索语言 | zh-CN |
| `--freshness <pd\|pw\|pm\|py>` | 时间过滤 | 无 |
| `--type <news\|scholarly>` | 搜索类型 | 无 |
| `--count <1-10>` | 结果数量 | 5 |
| `--deep` | 提取首个页面内容 | 否 |
| `--summary` | 生成 AI 摘要 | 否 |

## Clawdbot 工具集成

当 AI 需要搜索时，可使用以下内置工具：

### web_search - Brave 搜索
```
参数：
- query：搜索关键词（必需）
- count：结果数量 1-10（默认 5）
- country：国家代码 US/CN/JP/ALL（默认 US）
- search_lang：搜索语言 en/zh/ja/ko（默认 en）
- freshness：时间过滤 pd(24h)/pw(周)/pm(月)/py(年)
```

### web_fetch - 页面内容提取
```
参数：
- url：要抓取的网址（必需）
- extractMode：markdown 或 text（默认 markdown）
- maxChars：最大字符数（可选）
```

## 搜索流程示例

### 示例 1：简单搜索
```
用户：帮我找一下 Llama 4 的发布信息

AI 操作：
1. 调用 web_search(query="Llama 4 发布", country="US", freshness="pw")
2. 返回搜索结果给用户
```
````
````

````
### 示例 2：深度搜索
```
用户：总结一下这篇论文的主要内容：https://arxiv.org/xxx

AI 操作：
1. 调用 web_fetch(url="https://arxiv.org/xxx", extractMode="markdown")
2. 提取内容后总结关键点
3. 返回摘要给用户
```

## 多语言支持
| 语言 | 参数 |
|------|------|
| 中文 | `--region CN --lang zh-CN` |
| 英文 | `--region US --lang en-US` |
| 日文 | `--region JP --lang ja-JP` |
| 韩文 | `--region KR --lang ko-KR` |

## 配置要求

### 环境变量
```bash
# Windows (PowerShell)
$env:BRAVE_API_KEY="your-api-key-here"
setx BRAVE_API_KEY "your-api-key-here"

# Linux/macOS
export BRAVE_API_KEY="your-api-key-here"
```

### 获取 API Key
1. 访问 https://brave.com/search/api/
2. 注册账户
3. 创建 API Key
4. 复制到环境变量

### Clawdbot 配置
在 `~/.openclaw/openclaw.json` 中添加：
```json
{
  "web": {
    "braveApiKey": "YOUR_BRAVE_API_KEY"
  }
}
```
````

完成说明文档的编写后，Skill的基础框架就搭建完成了。这个文档不仅为后续的代码开发提供了清晰的指导方向，也为未来的使用者提供了完整的功能说明和使用指南。接下来就可以开始编写实现核心功能的可执行脚本了。

3.2.2 实现核心API调用逻辑

构建网络搜索Skills的核心在于实现API调用逻辑。如果说前面创建的SKILL.md是产品说明书，那么现在要编写的netsearch.js就是产品本身，是真正执行搜索任务的核心引擎。这个脚本负责处理命令行参数、调用Brave Search API、解析搜索结果，以及可选的网页内容提取功能。

这个脚本基于多个原则设计。首先是零依赖设计，仅使用Node.js内置模块，无须安装任何npm包，确保在任何Node.js环境中都能立即运行。

其次是模块化架构，将网络请求、页面提取、API调用、结果显示和参数解析分离为独立函数，每个函数职责单一，易于理解和维护。第三是完整的参数支持，提供七种命令行选项覆盖搜索区域、语言、时间过滤、类型过滤、结果数量、深度提取和摘要生成等功能。第四是优雅的错误处理，每个可能失败的操作都有try-catch保护，错误信息清晰明确并提供解决方案。最后是可扩展性设计，预留了summary参数接口用于未来集成LLM以生成内容摘要，体现了前瞻性的架构思维。

在netsearch目录下创建netsearch.js文件，完整的脚本内容如下：

```
#!/usr/bin/env node
/**
 * netsearch - 独立网络搜索 CLI
 *
 * 功能:
 * - Brave Search API 搜索
 * - 网页内容提取
 * - AI 摘要生成（可选）
 *
 * 依赖:
 * - BRAVE_API_KEY 环境变量
 */

const https = require('https');
const http = require('http');

// 配置
const BRAVE_API_KEY = process.env.BRAVE_API_KEY;
const BRAVE_API_URL = 'https://api.search.brave.com/res/v1/web/search';

// 工具函数: HTTP 请求
function httpRequest(url, options = {}) {
  return new Promise((resolve, reject) => {
    const lib = url.startsWith('https') ? https : http;
    const req = lib.request(url, options, (res) => {
```

```
      let data = '';
      res.on('data', chunk => data += chunk);
      res.on('end', () => {
        try {
          resolve({ status: res.statusCode, data: JSON.parse(data), headers: res.
headers });
        } catch (e) {
          resolve({ status: res.statusCode, data, headers: res.headers });
        }
      });
    });
    req.on('error', reject);
    if (options.body) req.write(options.body);
    req.end();
  });
}

// 工具函数：获取网页内容
async function fetchPage(url) {
  try {
    const res = await httpRequest(url, {
      headers: {
        'User-Agent': 'Mozilla/5.0 (Windows NT 10.0; Win64; x64)
AppleWebKit/537.36'
      },
      timeout: 10000
    });

    if (res.status === 200) {
      // 简单 HTML → Markdown 转换
      let text = res.data.toString();
      text = text.replace(/<script[^>]*>[\s\S]*?<\/script>/gi, '');
      text = text.replace(/<style[^>]*>[\s\S]*?<\/style>/gi, '');
      text = text.replace(/<[^>]+>/g, '');
      text = text.replace(/ /g, ' ');
      text = text.replace(/&amp;/g, '&');
      text = text.replace(/&lt;/g, '<');
      text = text.replace(/&gt;/g, '>');
      text = text.replace(/&quot;/g, '"');
      text = text.replace(/&#39;/g, "'");
      text = text.replace(/\s+/g, ' ').trim();
      return text.substring(0, 5000); // 限制长度
    }
    throw new Error(`HTTP ${res.status}`);
  } catch (e) {
    throw new Error(`获取页面失败: ${e.message}`);
  }
}

// 主搜索函数
```

```
async function braveSearch(query, options = {}) {
  if (!BRAVE_API_KEY) {
    throw new Error('缺少 BRAVE_API_KEY 环境变量\n请设置: setx BRAVE_API_KEY "your-api-key"');
  }

  const params = new URLSearchParams({
    q: query,
    count: options.count || 5,
    country: options.country || 'ALL',
    search_lang: options.search_lang || 'zh-CN'
  });

  if (options.freshness) params.append('freshness', options.freshness);
  if (options.type) params.append('type', options.type);

  const url = `${BRAVE_API_URL}?${params.toString()}`;

  const res = await httpRequest(url, {
    headers: {
      'Accept': 'application/json',
      'Accept-Encoding': 'gzip',
      'X-Subscription-Token': BRAVE_API_KEY
    }
  });

  if (res.status !== 200) {
    throw new Error(`Brave API 错误: ${res.status} - ${JSON.stringify(res.data)}`);
  }

  return res.data;
}

// 显示搜索结果
function displayResults(results, deep = false) {
  const webResults = results.web?.results || [];

  if (webResults.length === 0) {
    console.log('⚠ 未找到结果');
    return;
  }

  console.log(`\n√ 找到 ${webResults.length} 条结果\n`);

  webResults.slice(0, 5).forEach((r, i) => {
    console.log(`${i + 1}. ${r.title}`);
    console.log(`   ${r.url}`);
    console.log(`   ${r.description}\n`);
  });
```

```
  return webResults;
}

// 主函数
async function main() {
  const args = process.argv.slice(2);

  // 显示帮助
  if (args.length === 0 || args.includes('--help') || args.includes('-h')) {
    console.log(`
netsearch - 智能网络搜索 CLI

用法: netsearch "搜索关键词" [选项]

选项:
  --region <CN|US|JP|ALL>    搜索区域 (默认: ALL)
  --lang <zh-CN|en-US|ja-JP> 搜索语言 (默认: zh-CN)
  --freshness <pd|pw|pm|py> 时间过滤
      pd = 过去 24 小时
      pw = 过去一周
      pm = 过去一个月
      py = 过去一年
  --type <news|scholarly>    搜索类型
  --count <1-10>             结果数量 (默认: 5)
  --deep                     深度模式: 提取首个页面内容
  --summary                  生成 AI 摘要 (需要配置 LLM)
  --help, -h                 显示帮助

示例:
  netsearch "量子计算最新进展"
  netsearch "Llama 4 发布" --region US --lang en-US
  netsearch "AI 新闻" --freshness pd --type news
  netsearch "Rust 教程" --deep --summary

环境变量:
  BRAVE_API_KEY   Brave Search API 密钥 (必需)
    获取: https://brave.com/search/api/
`);
    process.exit(0);
  }

  // 解析参数
  const query = args.find(a => !a.startsWith('--'));
  const opts = {};

  for (let i = 0; i < args.length; i++) {
    const arg = args[i];
    if (arg === '--region' && args[i + 1]) opts.country = args[++i];
    else if (arg === '--lang' && args[i + 1]) opts.search_lang = args[++i];
    else if (arg === '--freshness' && args[i + 1]) opts.freshness = args[++i];
```

```
    else if (arg === '--type' && args[i + 1]) opts.type = args[++i];
    else if (arg === '--count' && args[i + 1]) opts.count = parseInt(args[++i]);
    else if (arg === '--deep') opts.deep = true;
    else if (arg === '--summary') opts.summary = true;
  }

  if (!query) {
    console.error('× 错误：请提供搜索关键词');
    console.error('使用 --help 查看用法');
    process.exit(1);
  }

  console.log(` 搜索："${query}"`);
  if (opts.country) console.log(`   区域：${opts.country}`);
  if (opts.search_lang) console.log(`   语言：${opts.search_lang}`);
  if (opts.freshness) console.log(`   时间：${opts.freshness}`);
  if (opts.deep) console.log(`   深度模式：开启`);

  try {
    // 执行搜索
    const results = await braveSearch(query, opts);
    const webResults = displayResults(results, opts.deep);

    // 深度模式：获取页面内容
    if (opts.deep && webResults && webResults.length > 0) {
      const firstUrl = webResults[0].url;
      console.log(`\n深度提取：${firstUrl}`);

      try {
        const content = await fetchPage(firstUrl);
        console.log(`\n页面内容预览 (${content.length} 字符):\n`);
        console.log(content.substring(0, 1500));

        if (opts.summary) {
          console.log('\n摘要功能需要配置 LLM API，当前跳过');
        }
      } catch (e) {
        console.log(` 提取失败：${e.message}`);
      }
    }

  } catch (e) {
    console.error(`\×搜索失败：${e.message}`);
    process.exit(1);
  }
}
main().catch(console.error);
```

脚本编写完成后，还需要添加package.json配置文件，让这个Skill成为一个标准的npm包。我们可以在netsearch目录中执行npm link命令，将这个包链接到全局node_modules目录。链接成功后，就可以在系统的任何位置直接运行netsearch“搜索关键词”命令，而不需要输入完整的脚本路径。在netsearch目录下创建package.json文件，内容如下：

```
{
  "name": "netsearch",
  "version": "1.0.0",
  "description": "智能网络搜索 CLI - Brave Search API + 网页提取",
  "main": "netsearch.js",
  "bin": {
    "netsearch": "./netsearch.js"
  },
  "scripts": {
    "test": "node netsearch.js --help"
  },
  "keywords": [
    "search",
    "brave",
    "cli",
    "clawdbot",
    "skill"
  ],
  "author": "",
  "license": "MIT",
  "engines": {
    "node": ">=18.0.0"
  },
  "dependencies": {},
  "note": "无外部依赖，使用 Node.js 内置 https/http 模块"
}
```

package.json的另一个重要作用是版本管理。当netsearch添加新功能或修复bug时，只需要更新version字段即可。语义化版本号的三个数字分别代表主版本号、次版本号和补丁版本号。修复Bug时增加补丁号如1.0.1，添加向后兼容的新功能时增加次版本号如1.1.0，做出不兼容的重大改变时增加主版本号如2.0.0。这种版本管理方式让用户能够清楚地了解更新的性质和影响范围。

为了让netsearch在Windows PowerShell环境中使用更加流畅，还需要创建一个PowerShell脚本作为包装器。在netsearch目录下创建bin子目录，然后创建bin/netsearch.ps1文件：

```
#!/usr/bin/env pwsh
# netsearch.ps1 — PowerShell 包装器
# 调用 Node.js 实现的 netsearch CLI

$ScriptDir = Split-Path -Parent $MyInvocation.MyCommand.Path
$NodeScript = Join-Path $ScriptDir "..\netsearch.js"

& node $NodeScript $args
```

这个包装器的存在意味着用户有两种方式调用netsearch。第一种是直接运行node netsearch.js，这在所有平台上都有效。第二种是通过PowerShell脚本.\bin\netsearch.ps1，这种方式在Windows上提供了更原生的体验。在通过npm link全局安装后，两种方式都会指向同一个实现，用户只需要输入netsearch命令即可。

至此，netsearch 技能的核心文件都已创建完成。目录结构清晰，包含JavaScript 主程序、npm 配置文件、PowerShell 包装器和 Markdown 文档。接下来需要在 OpenClaw 中注册这个 Skill 并进行实际测试，验证功能是否符合预期。

3.2.3 在OpenClaw中注册与测试

完成代码编写后，需要将这个Skill注册到OpenClaw系统中并进行实际测试。这个过程就像开发完一个应用程序后需要安装部署一样，只有经过注册和测试，才能确保Skill真正可用。

验证文件的完整性是注册前的必要步骤。首先确认netsearch目录位于正确的位置，Linux系统下路径为“~\openclaw-cn\skills\netsearch\”，Windows系统下路径为“D:/openclaw-cn/skills/netsearch/”，每个技能是一个独立的子目录，netsearch目录应该与其他技能目录并列，包含所有必需的文件。框架在启动时会扫描skills目录，识别每个子目录为一个技能模块，并读取SKILL.md获取技能描述和使用说明。

重启OpenClaw网关以加载新技能：

```
openclaw-cn gateway
```

完成技能注册后，进入测试验证环节，以确认技能能够按预期正常运行。在Open Claw的聊天界面中输入测试指令“搜索一下 Clawdbot 的最新动态”，系统将自动解析用户意图，从可用技能列表中精准匹配并调用对应的网络搜索技能，启动信息获取流程。

该技能被触发后，底层通过web_search工具执行关键词检索，获取与 Clawdbot 相关的权威网页列表；随后web_fetch工具抓取排名靠前的网页内容，并将其转换为结构清晰的Markdown格式（见图3-5）。为进一步提升信息密度与可读性，系统还会调用summarize对抓取内容进行智能摘要，最终将整合后的结果以用户友好的Markdown格式返回至聊天窗口，清晰呈现Clawdbot的最新动态（见图3-6）。

图 3-5　调用工具搜索

图 3-6　搜索结果呈现

通过以上步骤，完整地完成了一个网络搜索Skill从设计、实现、注册到测试验证的全流程。这一流程不仅展示了OpenClaw技能开发的标准范式，更体现了从“对话建议”到“自主执行”的能力跃迁。通过模块化封装，让智能体获得了可复用、可扩展的确定性能力，为后续构建更复杂的多步骤任务奠定了坚实基础。

3.3　高复用Skills模板

3.3.1　数据查询模板（数据库、知识库）

在OpenClaw的Skills生态中，高复用性的Skills模板是提升开发效率、保障代码质量的关键所在。将常见的业务逻辑与交互模式抽象为标准化模块，使得我们能基于可靠、可维护的代码基座快速构建技能。

在OpenClaw中，数据查询模板是实现AI与外部数据源交互的核心技术。通过标准化的模板设计，AI能够智能地查询、检索和操作数据库与知识库中的信息，将静态数据转化为动态知识，真正实现“让AI理解并利用数据”的目标。接下来以Notion API集成Skills为例，深入解析数据查询模板的设计原理和实现方法。

Notion作为全球领先的协作平台，其API提供了强大的数据管理能力。在OpenClaw生态中，Notion Skill的创建展示了如何将外部数据服务无缝集成到AI工作流中。该Skill包含SKILL.md、技能说明文档，构成了一个完整的数据查询技能。

首先设计SKILL.md文档，是为AI助手设计的Notion API操作指南，详细说明了如何配置Notion集成应用、获取和存储API密钥，以及执行八种核心操作（搜索、读取、创建、更新、查询数据库等）的完整curl命令示例，同时提供了十种常见数据类型的JSON格式规范和API版本的重要变更说明，使AI助手能够根据用户需求自动生成正确的API调用命令来管理Notion页面、数据库和内容块。

````
---
name: notion
description: 用于创建和管理页面、数据库及区块的 Notion API。
metadata: {"clawdbot":{"emoji":"□"}}
---

# notion
使用 Notion API 来创建/读取/更新页面、数据源（数据库）和块。

## 设置步骤
1. 在 https://notion.so/my-integrations 创建一个集成应用
2. 复制 API 密钥（以 `ntn_` 或 `secret_` 开头）
3. 存储密钥:
```bash
#创建配置目录
mkdir -p ~/.config/notion
# 将你的API密钥保存到文件中
echo "ntn_your_key_here" > ~/.config/notion/api_key
```
4.将目标页面/数据库与你的集成应用共享（点击 "..." → "连接到" → 你的集成应用名称）

## API 基础知识
所有请求都需要:
```bash
# 从配置文件读取API密钥
NOTION_KEY=$(cat ~/.config/notion/api_key)
# 发起GET请求示例
curl -X GET "https://api.notion.com/v1/..." \
  -H "Authorization: Bearer $NOTION_KEY" \
  -H "Notion-Version: 2025-09-03" \
  -H "Content-Type: application/json"
```

> **注意:** Notion-Version 请求头是必需的。本技能使用 2025-09-03（最新版本）。在此版本中，数据库在 API 中被称为"数据源"。
````

````
## 常用操作

**搜索页面和数据源:**
```bash
# 使用POST方法搜索
curl -X POST "https://api.notion.com/v1/search" \
  -H "Authorization: Bearer $NOTION_KEY" \
  -H "Notion-Version: 2025-09-03" \
  -H "Content-Type: application/json" \
  -d '{"query": "page title"}'
```

**获取页面信息:**
```bash
# 使用页面ID获取页面元数据
curl "https://api.notion.com/v1/pages/{page_id}" \
  -H "Authorization: Bearer $NOTION_KEY" \
  -H "Notion-Version: 2025-09-03"
```

**获取页面内容（块）:**
```bash
# 获取页面的所有子块内容
curl "https://api.notion.com/v1/blocks/{page_id}/children" \
  -H "Authorization: Bearer $NOTION_KEY" \
  -H "Notion-Version: 2025-09-03"
```

**在数据源中创建页面:**
```bash
# 在数据库中创建新的页面条目
curl -X POST "https://api.notion.com/v1/pages" \
  -H "Authorization: Bearer $NOTION_KEY" \
  -H "Notion-Version: 2025-09-03" \
  -H "Content-Type: application/json" \
  -d '{
    "parent": {"database_id": "xxx"},
    "properties": {
      "Name": {"title": [{"text": {"content": "New Item"}}]},
      "Status": {"select": {"name": "Todo"}}
    }
  }'
```

**查询数据源（数据库）:**
```bash
# 使用过滤和排序查询数据库
curl -X POST "https://api.notion.com/v1/data_sources/{data_source_id}/query" \
  -H "Authorization: Bearer $NOTION_KEY" \
  -H "Notion-Version: 2025-09-03" \
````
````

````
  -H "Content-Type: application/json" \
  -d '{
    "filter": {"property": "Status", "select": {"equals": "Active"}},
    "sorts": [{"property": "Date", "direction": "descending"}]
  }'
```

**创建数据源（数据库）:**
```bash
# 创建新的数据库结构
curl -X POST "https://api.notion.com/v1/data_sources" \
  -H "Authorization: Bearer $NOTION_KEY" \
  -H "Notion-Version: 2025-09-03" \
  -H "Content-Type: application/json" \
  -d '{
    "parent": {"page_id": "xxx"},
    "title": [{"text": {"content": "My Database"}}],
    "properties": {
      "Name": {"title": {}},
      "Status": {"select": {"options": [{"name": "Todo"}, {"name": "Done"}]}},
      "Date": {"date": {}}
    }
  }'
```

**更新页面属性:**
```bash
# 修改现有页面的属性值
curl -X PATCH "https://api.notion.com/v1/pages/{page_id}" \
  -H "Authorization: Bearer $NOTION_KEY" \
  -H "Notion-Version: 2025-09-03" \
  -H "Content-Type: application/json" \
  -d '{"properties": {"Status": {"select": {"name": "Done"}}}}'
```

**向页面添加块:**
```bash
curl -X PATCH "https://api.notion.com/v1/blocks/{page_id}/children" \
  -H "Authorization: Bearer $NOTION_KEY" \
  -H "Notion-Version: 2025-09-03" \
  -H "Content-Type: application/json" \
  -d '{
    "children": [
      {"object": "block", "type": "paragraph", "paragraph": {"rich_text": [{"text":
{"content": "Hello"}}]}}
    ]
  }'
```

## 属性类型
````
````

```
数据库项目的常见属性格式:
- **标题:** `{"title": [{"text": {"content": "..."}}]}`
- **富文本:** `{"rich_text": [{"text": {"content": "..."}}]}`
- **单选:** `{"select": {"name": "Option"}}`
- **多选:** `{"multi_select": [{"name": "A"}, {"name": "B"}]}`
- **日期:** `{"date": {"start": "2024-01-15", "end": "2024-01-16"}}`
- **复选框:** `{"checkbox": true}`
- **数字:** `{"number": 42}`
- **URL:** `{"url": "https://..."}`
- **邮箱:** `{"email": "a@b.com"}`
- **关联:** `{"relation": [{"id": "page_id"}]}`

## 2025-09-03 版本的关键差异

- **数据库 → 数据源:** 使用 `/data_sources/` 端点进行查询和检索
- **两个ID:** 每个数据库现在同时拥有`database_id`和`data_source_id`
  - 创建页面时使用`database_id` (`parent: {"database_id": "..."}`)
  - 查询时使用`data_source_id`(`POST /v1/data_sources/{id}/query`)
- **搜索结果:** 数据库返回为`"object": "data_source"`并带有`data_source_id`
- **响应中的父级:** 页面同时显示`parent.data_source_id`和`parent.database_id`
- **查找data_source_id:** 搜索数据库，或调用`GET /v1/data_sources/{data_source_id}`

## 注意事项

- 页面/数据库 ID 是 UUID 格式（带或不带连字符）
- API 无法设置数据库视图过滤器，这是仅限UI的功能
- 速率限制：平均约3请求/秒
- 创建数据源时使用`is_inline: true`可将其嵌入页面中
```

Notion Skill的模板设计具备可扩展性，通过参数化设计，使所有curl命令都使用占位符（如{page_id}、{data_source_id}），便于AI动态替换；通过模块化结构将不同功能分类展示，AI可以根据具体需求选择相应的模板；具备版本兼容性，明确标注API版本差异，支持不同版本的Notion API。

Notion API集成Skill是数据查询模板的典型实践案例，展示了OpenClaw如何将复杂的外部数据服务封装为AI可理解和使用的标准化技能。该技能通过SKILL.md 实现了元数据管理、功能定义与操作指南的完整闭环，SKILL.md 用自然语言清晰地描述技能的作用、调用方式和注意事项，而 package.json 则定义了技能的配置参数、依赖关系和入口文件。两者共同构成了一个可被 AI 自主理解与调用的能力单元。

模板化设计具备多重优势。例如，简化外部服务集成流程，封装复杂接口；提升开发效率，避免重复编码；内置安全机制，防止常见风险；标准化格式便于共享扩展，为生态发展奠定基础。该模板使智能体快速获得数据能力，从对话交

互中升级数据驱动决策，契合标准化、可复用、易扩展的生态理念，推动智能体在各行业落地应用。

3.3.2 文件操作模板：读写和转换

文件操作是智能体与本地环境交互的基础且高频的能力。在OpenClaw的实际应用中，文件操作Skills使智能体能够像人类一样读取和写入本地文件、转换文档格式、批量整理资料。接下来以文档自动化Skills为例，深入解析文件操作模板的设计原理和实现方法。

文档自动化Skills展示了如何将Windows平台上的Office文档操作能力集成到OpenClaw生态中。该Skills通过COM接口实现对Microsoft Word或WPS Writer的自动化控制，支持多种文档操作功能。该Skills包含两个核心文件：SKILL.md（技能说明文档）和document_automation.py（Python执行脚本），二者共同构成了文件操作技能的主要组成部分。首先是SKILL.md文件：

```
---
name: document-automation
description: 通过COM接口自动化Windows上的文档操作（读取文本、替换、插入、标题设置、页眉页脚、分页符、合并、拆分、导出为PDF/TXT、添加/替换图片）。适用于单文档操作（不支持批量处理）。
---

# WPS/Word自动化（Windows）
使用捆绑的Python脚本通过COM接口控制Word或WPS。

## 系统要求
- Windows 系统，已安装**Microsoft Word**或**WPS Writer**。
- Python 环境 + **pywin32** 库（安装命令：`python -m pip install pywin32`）。

## 快速开始
```bash
# 读取文档文本内容
python {baseDir}/scripts/wps_word_automation.py read --input "~\word.docx"
# 查找并替换文本
python {baseDir}/scripts/wps_word_automation.py replace --input "~\word.docx" --find
"旧" --replace "新" --save "~\new.docx"
# 导出为PDF格式
python {baseDir}/scripts/wps_word_automation.py export --input "~\word.docx"
--format pdf --output "~\new.pdf"
```

命令列表

read - 提取纯文本
```

~~~~
```bash
python {baseDir}/scripts/wps_word_automation.py read --input "~\word.docx" --output
"~\new.txt"
```

### replace - 查找替换文本
```bash
python {baseDir}/scripts/wps_word_automation.py replace --input "~\word.docx" --find
"old" --replace "new" --save "~\new.docx"
```

### insert - 在开头/结尾插入文本
```bash
python {baseDir}/scripts/wps_word_automation.py insert --input "~\word.docx" --text
"Hello" --where start --save "~\new.docx"
```

### headings - 为匹配行应用标题样式
```bash
python {baseDir}/scripts/wps_word_automation.py headings --input "~\word.docx"
--level 1 --prefix "# " --save "~\new.docx"
```

### header-footer - 设置页眉页脚文本
```bash
python {baseDir}/scripts/wps_word_automation.py header-footer --input "~\word.docx"
--header "标题" --footer "页脚" --save "~\new.docx"
```

### page-break - 在文档末尾插入分隔符
```bash
python {baseDir}/scripts/wps_word_automation.py page-break --input "~\word.docx"
--save "~\new.docx"
```

### merge - 合并多个文档
```bash
python {baseDir}/scripts/wps_word_automation.py merge --inputs "wf.docx" "bd.docx"
--output "new.docx"
```

### split - 按页码范围拆分文档
```bash
python {baseDir}/scripts/wps_word_automation.py split --input "~\word.docx" --pages
"1-3,4-6" --outdir "~\new"
```

### export - 导出为PDF或TXT格式
```bash
python {baseDir}/scripts/wps_word_automation.py export --input "~\word.docx"
~~~~

```
--format pdf --output "~\new.pdf"
python {baseDir}/scripts/wps_word_automation.py export --input "~\word.docx"
--format txt --output "~\new.txt"
```

image - 在文档末尾添加或替换图片
```bash
python {baseDir}/scripts/wps_word_automation.py image --input "~\word.docx" --image
"~img.png" --save "~\new.docx"
```

注意事项
- 如果系统安装了 WPS，可尝试使用 `--app wps`参数；否则默认使用 Word。
- 如果需要查看操作界面，可添加`--visible true`参数。
- 本技能专为单文档操作设计，避免用于批量处理场景。

在系统要求部分，文档详细说明了运行该程序所需的环境依赖：必须运行在Windows 系统上，并已安装Microsoft Word或 WPS Writer；同时需要Python环境及pywin32库支持，确保底层自动化指令能够正常执行。

为了帮助用户快速上手，文档提供了三个最常用的操作示例，即读取文档文本、查找并替换内容，以及导出为PDF格式。这些示例展示了脚本的基本调用方式，让用户能够立即体验其核心功能。

核心功能部分详细介绍了十个主要命令，包括读取文本、查找替换、插入内容、设置标题样式、控制页眉页脚、插入分页符、合并文档、按页码拆分、导出多种格式以及添加图片。每个命令均配有功能说明和完整示例，覆盖了日常文档处理中的绝大多数自动化需求。

此外，文档还补充了若干使用注意事项：通过 --app 参数可在 Word 和 WPS 之间选择；使用 --visible 参数可显示操作界面以便调试；同时提醒用户避免在批量处理中过度依赖界面操作，以确保脚本的执行效率和稳定性。

然后是document_automation.py文件的设计。

```
import argparse
import os
from pathlib import Path

APP_PROGIDS = {
    "word": ["Word.Application"],
    "wps": ["KWPS.Application", "WPS.Application"],
}

WD_FORMAT_PDF = 17
WD_FORMAT_TEXT = 2
WD_PAGE_BREAK = 7
```

```
def get_app(app_name: str, visible: bool):
    import win32com.client  # type: ignore

    progids = APP_PROGIDS.get(app_name, [])
    for pid in progids:
        try:
            app = win32com.client.Dispatch(pid)
            app.Visible = bool(visible)
            return app
        except Exception:
            continue
    # fallback to Word
    app = win32com.client.Dispatch("Word.Application")
    app.Visible = bool(visible)
    return app

def open_doc(app, path: str):
    return app.Documents.Open(path, ReadOnly=False)

def save_as(doc, out_path: str, fmt=None):
    if fmt is None:
        doc.SaveAs(out_path)
    else:
        doc.SaveAs(out_path, fmt)

def cmd_read(args):
    app = get_app(args.app, args.visible)
    doc = open_doc(app, args.input)
    text = doc.Content.Text
    if args.output:
        Path(args.output).write_text(text, encoding="utf-8")
    else:
        print(text)
    doc.Close()
    app.Quit()

def cmd_replace(args):
    app = get_app(args.app, args.visible)
    doc = open_doc(app, args.input)
    find = doc.Content.Find
    find.Text = args.find
    find.Replacement.Text = args.replace
    find.Execute(Replace=2)
    save_as(doc, args.save)
    doc.Close()
    app.Quit()

def cmd_insert(args):
    app = get_app(args.app, args.visible)
```

```
    doc = open_doc(app, args.input)
    if args.where == "start":
        rng = doc.Range(0, 0)
        rng.InsertBefore(args.text)
    else:
        doc.Content.InsertAfter(args.text)
    save_as(doc, args.save)
    doc.Close()
    app.Quit()

def cmd_headings(args):
    app = get_app(args.app, args.visible)
    doc = open_doc(app, args.input)
    prefix = args.prefix
    for p in doc.Paragraphs:
        txt = p.Range.Text.strip()
        if txt.startswith(prefix):
            p.Range.Text = txt[len(prefix) :]
            p.Style = f"Heading {args.level}"
    save_as(doc, args.save)
    doc.Close()
    app.Quit()

def cmd_header_footer(args):
    app = get_app(args.app, args.visible)
    doc = open_doc(app, args.input)
    for section in doc.Sections:
        if args.header:
            section.Headers(1).Range.Text = args.header
        if args.footer:
            section.Footers(1).Range.Text = args.footer
    save_as(doc, args.save)
    doc.Close()
    app.Quit()

def cmd_page_break(args):
    app = get_app(args.app, args.visible)
    doc = open_doc(app, args.input)
    rng = doc.Range(doc.Content.End - 1, doc.Content.End - 1)
    rng.InsertBreak(WD_PAGE_BREAK)
    save_as(doc, args.save)
    doc.Close()
    app.Quit()

def cmd_merge(args):
    app = get_app(args.app, args.visible)
    base = open_doc(app, args.inputs[0])
    for p in args.inputs[1:]:
        base.Range(base.Content.End - 1).InsertFile(p)
        base.Range(base.Content.End - 1).InsertBreak(WD_PAGE_BREAK)
```

```
    save_as(base, args.output)
    base.Close()
    app.Quit()

def parse_ranges(s: str):
    ranges = []
    for part in s.split(","):
        a, b = part.split("-")
        ranges.append((int(a), int(b)))
    return ranges

def cmd_split(args):
    app = get_app(args.app, args.visible)
    doc = open_doc(app, args.input)
    outdir = Path(args.outdir)
    outdir.mkdir(parents=True, exist_ok=True)
    ranges = parse_ranges(args.pages)
    for i, (a, b) in enumerate(ranges, 1):
        new = app.Documents.Add()
        rng = doc.Range(doc.GoTo(What=1, Which=1, Count=a), doc.GoTo(What=1,
Which=1, Count=b + 1))
        rng.Copy()
        new.Range(0, 0).Paste()
        out = outdir / f"part_{i}.docx"
        save_as(new, str(out))
        new.Close()
    doc.Close()
    app.Quit()

def cmd_export(args):
    app = get_app(args.app, args.visible)
    doc = open_doc(app, args.input)
    fmt = WD_FORMAT_PDF if args.format == "pdf" else WD_FORMAT_TEXT
    save_as(doc, args.output, fmt)
    doc.Close()
    app.Quit()

def cmd_image(args):
    app = get_app(args.app, args.visible)
    doc = open_doc(app, args.input)
    rng = doc.Range(doc.Content.End - 1, doc.Content.End - 1)
    doc.InlineShapes.AddPicture(os.path.abspath(args.image), False, True, rng)
    save_as(doc, args.save)
    doc.Close()
    app.Quit()

def main():
    parser = argparse.ArgumentParser()
    parser.add_argument("--app", default="word", choices=["word", "wps"])
    parser.add_argument("--visible", default=False, action="store_true")
```

```
    sub = parser.add_subparsers(dest="cmd", required=True)

    p = sub.add_parser("read")
    p.add_argument("--input", required=True)
    p.add_argument("--output")
    p.set_defaults(func=cmd_read)

    p = sub.add_parser("replace")
    p.add_argument("--input", required=True)
    p.add_argument("--find", required=True)
    p.add_argument("--replace", required=True)
    p.add_argument("--save", required=True)
    p.set_defaults(func=cmd_replace)

    p = sub.add_parser("insert")
    p.add_argument("--input", required=True)
    p.add_argument("--text", required=True)
    p.add_argument("--where", choices=["start", "end"], default="end")
    p.add_argument("--save", required=True)
    p.set_defaults(func=cmd_insert)

    p = sub.add_parser("headings")
    p.add_argument("--input", required=True)
    p.add_argument("--level", type=int, choices=[1, 2, 3], default=1)
    p.add_argument("--prefix", required=True)
    p.add_argument("--save", required=True)
    p.set_defaults(func=cmd_headings)

    p = sub.add_parser("header-footer")
    p.add_argument("--input", required=True)
    p.add_argument("--header")
    p.add_argument("--footer")
    p.add_argument("--save", required=True)
    p.set_defaults(func=cmd_header_footer)

    p = sub.add_parser("page-break")
    p.add_argument("--input", required=True)
    p.add_argument("--save", required=True)
    p.set_defaults(func=cmd_page_break)

    p = sub.add_parser("merge")
    p.add_argument("--inputs", nargs="+", required=True)
    p.add_argument("--output", required=True)
    p.set_defaults(func=cmd_merge)

    p = sub.add_parser("split")
    p.add_argument("--input", required=True)
    p.add_argument("--pages", required=True)
    p.add_argument("--outdir", required=True)
```

```
    p.set_defaults(func=cmd_split)

    p = sub.add_parser("export")
    p.add_argument("--input", required=True)
    p.add_argument("--format", choices=["pdf", "txt"], required=True)
    p.add_argument("--output", required=True)
    p.set_defaults(func=cmd_export)

    p = sub.add_parser("image")
    p.add_argument("--input", required=True)
    p.add_argument("--image", required=True)
    p.add_argument("--save", required=True)
    p.set_defaults(func=cmd_image)

    args = parser.parse_args()
    args.func(args)

if __name__ == "__main__":
    main()
```

该脚本负责将用户在SKILL.md中定义的各种文档操作命令转化为实际的底层调用。脚本整体采用模块化设计，由常量定义、工具函数、命令处理函数、命令行接口以及主执行逻辑五个部分构成，各部分协同工作，实现了对Word和WPS文档的全面自动化控制。

在脚本开头，通过常量定义明确了应用程序的COM ProgID映射表，用于在运行时动态选择Word或WPS的COM对象；同时预定义了常用格式常量，这些常量在后续的文档保存、格式转换和内容插入操作中被反复使用。紧跟着是一组通用工具函数，封装了与 COM交互的通用逻辑，为各命令的独立实现提供了统一的基础设施。

脚本的核心是十种命令的独立实现函数，每个函数严格遵循“获取应用→打开文档→执行操作→保存文档→关闭应用”的标准流程，利用win32com库调用COM接口完成具体的文档操作。

执行入口main函数负责解析命令行参数，根据参数调用相应的命令函数。命令函数内部通过COM异常捕获机制处理文档操作中可能出现的错误，并在操作完成后主动关闭文档和应用程序实例，释放COM资源。整个脚本设计紧凑、流程清晰，既保证了功能的完整性，又为后续扩展和维护提供了良好的基础。

这两个文件共同构成了一个完整的文件操作类技能包，在接收到文件处理相关的用户请求时，会读取SKILL.md，理解可用的命令和参数格式，然后生成正确的Python脚本调用命令来完成任务。这种组合模式使得技能既具有良好的可读性和可维护性，又能够实现复杂的自动化操作，是文件操作类技能的标准化实现范式。

这个模板不仅适用于Word文档处理，也可以应用于其他文件操作场景，如Excel表格处理、PDF文档操作、图片批量转换、视频格式转换等，只需要替换具体的操作库和命令实现，保持整体架构设计，即可快速开发新的文件操作功能。借助该模板，我们可快速为OpenClaw智能体赋予强大的本地文件交互能力。

3.3.3 通知发送模板（邮件、信息）

在OpenClaw的实际应用中，通知发送是智能体与外部世界进行主动交互的基础能力之一。一个优秀的通知发送Skill能使智能体模拟人类行为，通过邮件、即时消息等渠道实现信息的主动推送与实时触达。本节将以一个邮件通知的发送Skill为例，聚焦于这一最经典且通用的通知渠道。

该技能通过浏览器自动化技术封装了Microsoft 365/Outlook的日历和邮件功能，为AI助手提供了一套完整的企业通信能力。与前面介绍的数据查询和文件操作技能不同，通知发送类技能需要处理用户身份认证、会话保持、实时交互等复杂场景，同时要支持日历管理、邮件收发、会议安排、联系人搜索等多种通信任务。通过分析这个技能的文档结构和使用方式，可以理解通知发送类技能的设计模式，为开发类似的邮件系统集成、即时通信、日程协调技能提供可复用的模板参考。

该技能采用了与前两类技能不同的实现方式。它不是通过REST API或本地COM接口进行操作，而是使用Playwright浏览器自动化框架模拟用户在Microsoft 365 Web界面的操作，这样可以绕过Azure AD应用注册的复杂流程，直接使用用户的浏览器会话进行认证。下面是SKILL.md文件的内容：

```
---
name: calendar-email-management
description: Microsoft 365 / Outlook命令行工具,用于日历和邮件管理。适用于管理Outlook日历(查看、创建、更新、删除事件,查找会议时间,响应邀请)、发送/阅读邮件,或在组织中搜索人员/会议室。
metadata: {"clawdbot":{"requires":{"bins":["clippy"]}}}
---

# calendar-email-management - Microsoft 365 命令行工具
项目地址:https://github.com/foeken/clippy
通过浏览器自动化(Playwright)操作M365 Web界面实现,而非使用Graph API。无须Azure AD应用注册 - 只需使用浏览器登录即可。
```

````
## 安装

```bash
# 克隆仓库并安装依赖
git clone https://github.com/foeken/clippy.git
cd clippy && bun install
# 运行命令行工具
bun run src/cli.ts --help
```
或者全局链接:: `bun link`

## 身份认证

```bash
# 交互式登录(打开浏览器,建立会话)
clippy login --interactive

# 检查认证状态
clippy whoami
```

### 会话保护(推荐)
保持浏览器会话活跃以防止令牌过期:
```bash
# 启动保活服务(保持浏览器打开,每10分钟刷新一次)
clippy keepalive --interval 10
```
对于持久化运行,建议设置为launchd服务(macOS)或systemd服务(Linux)。

**健康监控:** 保活服务在每次成功刷新时会写入`~/.config/clippy/keepalive-health.txt文件。
检查该文件是否过期(超过15分钟)可以检测服务故障。

## 日历管理
```bash
# 查看今天的事件
clippy calendar

# 查看特定日期
clippy calendar --day tomorrow
clippy calendar --day monday
clippy calendar --day 2024-02-15

# 周视图
clippy calendar --week

# 显示详细信息(描述、参会人员)
clippy calendar --details
```

### 创建事件
````

````
```bash
clippy create-event "Title" 09:00 10:00

# 完整选项
clippy create-event "Meeting" 14:00 15:00 \
  --day tomorrow \
  --description "Meeting notes" \
  --attendees "alice@company.com,bob@company.com" \
  --teams \
  --find-room

# 重复事件
clippy create-event "Standup" 09:00 09:15 --repeat daily
clippy create-event "Sync" 14:00 15:00 --repeat weekly --days mon,wed,fri
```

### 更新/删除事件

```bash
clippy update-event 1 --title "New Title"
clippy update-event 1 --start 10:00 --end 11:00
clippy delete-event 1
clippy delete-event 1 --message "Need to reschedule"
```

### 响应邀请

```bash
clippy respond                              # List pending
clippy respond accept --id <eventId>
clippy respond decline --id <eventId> --message "Conflict"
clippy respond tentative --id <eventId>
```

### 查找会议时间

```bash
clippy findtime
clippy findtime --attendees "alice@company.com,bob@company.com"
clippy findtime --duration 60 --days 5
```

## 邮件管理

```bash
# 查看收件箱
clippy mail
clippy mail --unread
clippy mail -n 20
````
````

````
clippy mail --search "invoice"

查看其他文件夹
clippy mail sent
clippy mail drafts
clippy mail archive

读取特定邮件
clippy mail -r <number>

下载附件
clippy mail -d <number> -o ~/Downloads
```

### 发送邮件

```bash
clippy send \
  --to "recipient@example.com" \
  --subject "Subject" \
  --body "Message body"

# 使用抄送、附件、Markdown格式
clippy send \
  --to "alice@example.com" \
  --cc "manager@example.com" \
  --subject "Report" \
  --body "**See attached**" \
  --markdown \
  --attach "report.pdf"
```

回复/转发

```bash
clippy mail --reply <number> --message "Thanks!"
clippy mail --reply-all <number> --message "Got it"
clippy mail --forward <number> --to-addr "colleague@example.com"
```

邮件操作

```bash
clippy mail --mark-read <number>
clippy mail --flag <number>
clippy mail --move <number> --to archive
```

人员/会议室搜索
````
````

````
```bash
clippy find "john"                          # 搜索人员
clippy find "conference" --rooms            # 搜索会议室
```

## JSON输出格式

```bash
clippy calendar --json
clippy mail --json
```

## 配置
可以通过环境变量覆盖配置文件目录:
```bash
export CLIPPY_PROFILE_DIR=~/.config/clippy/my-profile
```
````

该文档明确了技能名称、功能描述（涵盖日历管理、邮件收发、人员搜索等企业通信能力）以及依赖要求，其中特别使用JSON格式的metadata字段指定了对二进制命令行工具的依赖，这是通知发送类技能的典型特征。安装步骤提供了从GitHub克隆仓库、使用Bun运行时安装依赖、运行工具以及可选全局链接的完整流程，确保 AI 助手能够引导用户正确部署。

身份认证部分详细说明了交互式浏览器登录流程、认证状态检查命令，以及关键的会话保活机制，通过每10分钟刷新一次浏览器会话，防止令牌过期，并写入健康监控文件，这对于长时间运行的自动化任务至关重要，建议将保活服务部署为系统服务以实现全天候不间断运行。

在核心功能方面，日历管理命令覆盖了四大类操作，即查看日历、创建、更新和删除事件。此外，辅助功能提供了人员与会议室搜索、JSON 输出格式（便于程序化处理）以及配置目录自定义（支持多账户场景）等功能，进一步增强了工具的实用性。

技能文档应包含明确的身份认证和会话管理机制，包含完整命令列表支持查看、创建、更新、删除及搜索操作，提供典型参数示例助力复杂场景理解，并涵盖双向交互流程、状态管理及JSON结构化输出。技能实现需遵循安全认证、会话保护与故障恢复、灵活参数组合及完善错误处理机制。此模板适用于Outlook邮件日历管理，也可扩展至Slack、企业微信、钉钉、短信电话等通知场景，仅需替换平台接口和认证方式即可快速开发。通知技能是AI助手连接企业系统的核心能力，使其能主动沟通、协调会议、推送通知，成为用户的数字助理，尤其邮件通知因正式可追溯，适用于需归档的场景，是智能体从被动应答转向主动执行、拓展自动化工作流的价值是关键基础。

掌握技能创建方法可极大扩展AI助手的能力。从网络搜索到文件处理、从数据查询到消息通知，每个技能都是AI工具。这些技能不仅能帮助你独立完成任务，还能组合成自动化工作流。创建技能无须高深的编程知识，只需理解基本结构和逻辑。

第 4 章

集成外部能力：使用 MCP 连接一切

当需要查询天气、读取文件、访问数据库或调用各种第三方服务时，如何让这些外部能力与AI模型无缝连接？传统方式需要为每个API编写专门的对接代码，不同工具之间互不兼容，维护成本极高。MCP就像一个标准化的插座转接器，让 AI 模型能够统一调用各种外部工具和服务，无须重复开发。接下来将从零开始介绍 MCP 的工作原理，演示如何将普通API改造为MCP服务，在OpenClaw中实际使用，以及如何设置权限确保调用安全。

4.1 MCP快速入门：模型与工具的通用接线板

4.1.1 它解决了什么痛点：告别杂乱无章的API集成

AI工具开发长期面临集成难题，每接入新工具需编写专属适配代码，如同电器插头互不兼容。Anthropic推出的MCP协议通过标准化通信协议解决了这一问题。它让AI助手通过统一接口连接文件系统、数据库及各类云服务，实现即插即用。此前，我们需为不同服务分别构建接口，这推高了成本且阻碍了能力拓展。MCP通过解耦设计分离AI模型与工具，仅需开发一次客户端即可对接所有标准化服务，显著降低技术门槛，甚至非技术人员也能轻松扩展AI功能。

在实际落地中，MCP的即插即用优势尤为突出。以OpenClaw为例，通过MCP协议配置，AI助手能够直接调取本地文件系统、数据库、GitHub仓库等外部资源。用户仅需寥寥几条命令行指令，便能赋予AI助手全新的能力。比如，执行一条简单的命令“openclaw mcp add --transport stdio local-files npx -y @modelcontextprotocol/server-filesystem /Users/yourname/Documents”，即可让AI助手获得指定文档目录的访问权限。这种简洁直观的配置体验，与往日繁杂的API集成流程形成鲜明对比。

MCP的标准化还催生了另一关键价值，即工具的可移植性。符合MCP标准的工具不仅能在OpenClaw中运行，还能无缝接入其他支持MCP的AI平台。这种跨平台兼容性有力地推动了AI生态的良性发展，从而实现“一次开发，多处部署”。百度智能云推出的MCP广场便是典范，它将百度搜索、百度地图、百度网盘等自研能力封装为MCP Server与Skills，我们只需从广场中挑选所需工具，便可直接接入OpenClaw，彻底省去了自行寻找API、编写配置和调试参数的烦琐过程（见图4-1）。

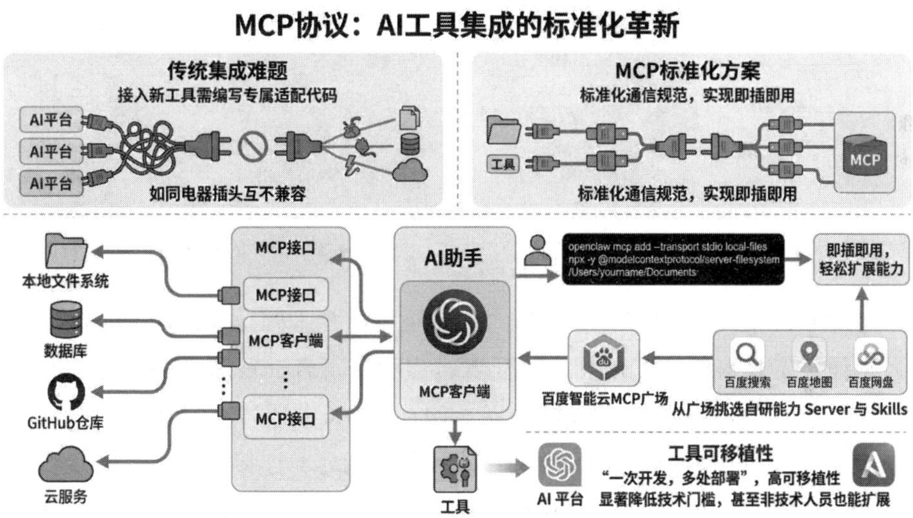

图 4-1　MCP 的解耦设计与标准化协议

MCP协议通过标准化工具接口和数据规范来确保工具的互操作性。它支持动态发现新工具，无须重启即可扩充AI助手能力。协议还提供权限管控机制，用户可精细控制工具的访问范围。安全方面，支持通过环境变量传递敏感信息，避免明文存储（见图4-2）。

MCP极大地降低了AI助手的使用门槛，普通用户只需配置对应服务器或通过平台一键部署即可获得新功能。该协议推动AI工具生态标准化，形成工具丰富与用户增长的正向循环。实践中，MCP已实现与滴滴出行的无缝集成，支持全程打车操作；也能连接知识管理工具辅助笔记整理。对我们而言，MCP支持创建自定义服务器并分享至公共平台，促进工具创新与共享（见图4-3）。

图 4-2　MCP 的技术架构与安全机制

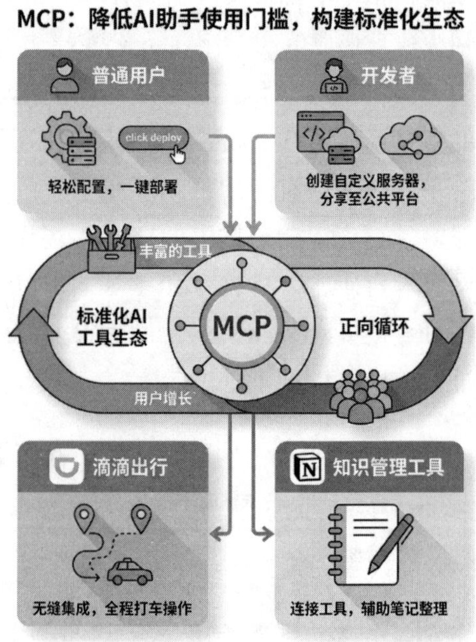

图 4-3　MCP 的生态发展与行业价值

MCP解决了AI模型落地应用的“最后一公里”难题，通过标准化接口将AI能力延伸至工具与服务，使其从对话者转型为执行者。目前MCP存在配置门槛和网络限制，国内平台推出替代方案，如在Agent中通过视觉技术操作屏幕软件。未来MCP有望成为行业标准，拓展AI助手能力，连接各类工具实现自动化操作。OpenClaw用户只需掌握MCP配置即可扩展AI助手功能。

在实践操作中，配置MCP需留意几个关键环节。首要一步是环境准备，确保本地已安装Node.js 22+或Python 3.10+等基础运行环境。其次是服务器获取，可从MCP服务器仓库中挑选所需服务。接下来是配置执行，建议优先采用官方CLI命令行进行添加；若命令行失效，也可手动编辑配置文件。最后是功能验证，通过状态查询、交互测试等方式确认配置无误。整个流程涉及一定的技术细节，但只要遵循标准步骤，绝大多数用户都能顺利完成。

对于希望绕过烦琐配置的用户，国内平台提供了更为便捷的替代方案。百度智能云推出的OpenClaw极简部署方案，提供了预装OpenClaw环境的轻量应用服务器镜像。用户只需在控制台选择该镜像创建实例，几分钟内即可启动运行，完全免去了手动安装依赖的麻烦。

无论采用何种技术路线，核心目标始终如一，即让AI助手能够连接并驾驭外部工具。MCP协议通过标准化之路实现了这一愿景，为AI助手的能力拓展奠定了坚实根基。随着技术日趋成熟、生态日渐完善，MCP有望成为连接AI与工具世界的关键纽带，引领智能助手迈向更智能、更实用的未来。

4.1.2　核心概念：服务、工具、资源

要真正理解MCP的工作原理，需要先掌握三个核心概念：服务器（Server）、工具和资源（Resources）。它们共同构成了MCP协议的基础骨架，如同建筑中的地基、梁柱与砖瓦，支撑起整个系统的运行。

服务是MCP架构中的执行单元，可以理解为专门提供某种能力的“专业工作室”。每个MCP服务都是一个独立的程序，处理特定类型的任务。比如，文件系统服务负责读写文件，GitHub服务管理代码仓库，日历服务处理日程安排。这些服务如同现实中的专业机构，各自拥有擅长的领域和标准化的服务流程。在OpenClaw中，MCP服务通过标准化的接口与AI模型通信，AI只需要知道“要做什么”，而不必关心“具体怎么做”，这大大简化了与外部系统的集成。

服务的运行方式非常灵活：有些是本地运行（如文件系统服务直接存取本地硬盘），有些则是远程服务（如GitHub服务通过网络调用API）。无论身处何处，只要遵循MCP协议，OpenClaw都能通过统一接口调用它们。这种灵活性让用户可以根据需要选择合适的部署方式，兼顾功能、安全与性能（见图4-4）。

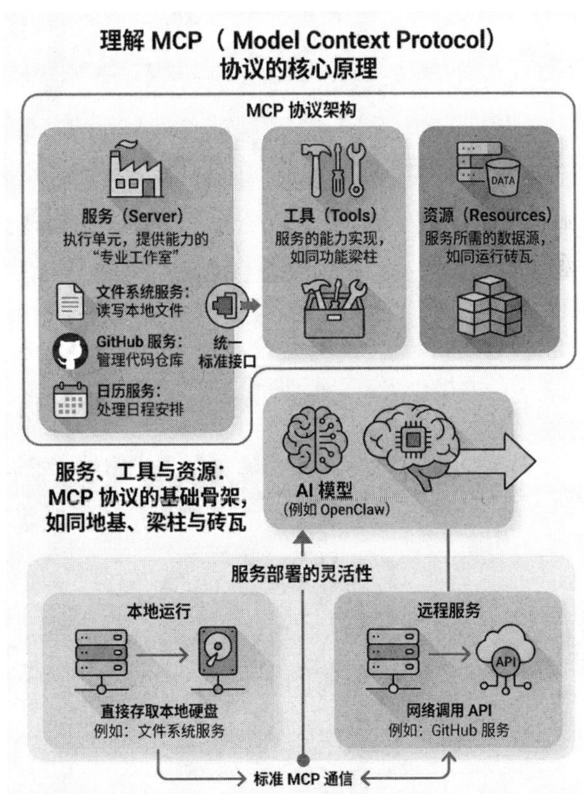

图 4-4　MCP 的服务概念

工具是MCP架构中的功能单元，即服务提供的具体“操作能力”。每个工具对应一个可执行的动作。例

如，“读取文件”“创建数据库记录”“发送邮件”等。工具是AI真正能够调用的“手脚”，它将抽象的指令转化为具体的行动。OpenClaw以MCP客户端的身份连接到该服务器，并通过JSON-RPC协议自动获取所有可用的Skills列表。

工具的设计遵循“单一职责原则”，每个工具只负责一个特定的任务，这使得它们的组合使用变得非常灵活。AI可以根据任务需求依次调用多个工具，形成完整的工作流。例如，要“整理会议记录并发送给参会人员”，AI可以依次调用“读取文档”工具获取内容，调用“文本摘要”工具生成纪要，再调用“邮件发送”工具将纪要发给相关人员。这种链式调用让AI能够处理复杂的多步骤任务，真正实现自动化。

工具还具有“自描述性”。每个工具都包含详细的元数据，说明其功能、使用方式、参数要求等。这些信息帮助AI理解工具的作用，并在合适的场景下选择正确的工具。当用户提出需求时，AI会分析所有可用工具的描述，选出最匹配的工具来执行任务，以确保准确性和效率（见图4-5）。

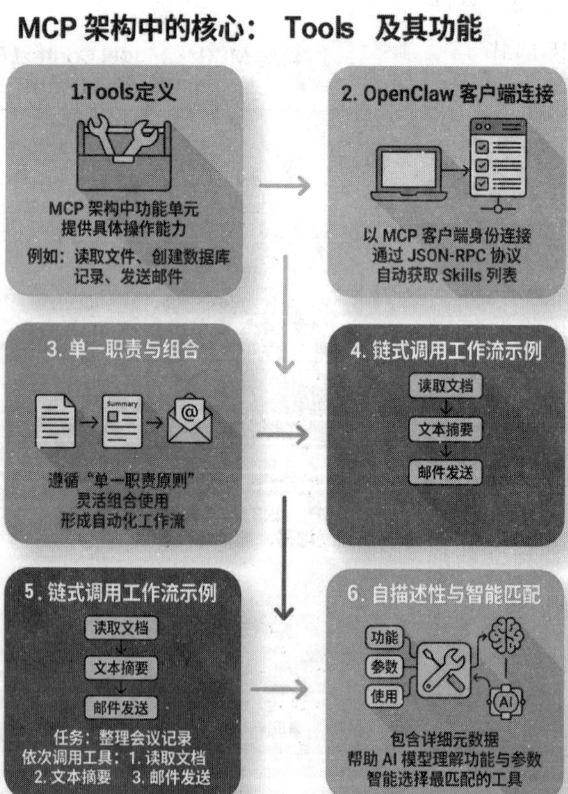

图 4-5 MCP 的工具概念

资源是MCP架构中的数据单元，指可被操作的数据对象。如文件、数据库记录等。它们通过统一标识符被引用和访问，使AI无须了解存储细节即可处理数据。MCP服务负责将标识符转换为实际操作，并提供资源发现机制，让AI能动态获知可用数据源并选择操作（见图4-6）。

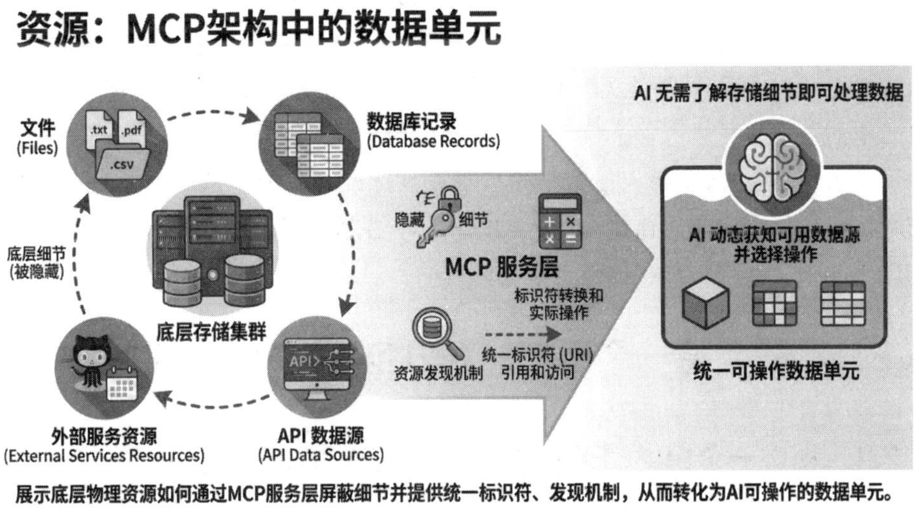

图 4-6　MCP 的资源概念

服务、工具、资源的关系可以用一个比喻来理解：服务就像一家专业的装修公司，工具就像公司拥有的各种专业设备（电钻、锯子、油漆刷），资源就像需要装修的房子和材料。当用户需要装修时，AI（相当于项目经理）会选择合适的装修服务提供商（服务），使用服务商提供的专业设备（工具），对房子和材料（资源）进行加工，最终完成装修任务。

在OpenClaw的实际配置中，这一关系非常明显。例如，配置本地文件系统服务时，用户指定一个MCP 服务器（服务），该服务器提供了文件读写、目录浏览等工具，这些工具可以操作指定目录下的文件（资源）。

MCP协议的标准化设计，使服务、工具、资源能够跨平台、跨系统协同工作。一个遵循MCP标准的工具不仅能在OpenClaw中使用，还能兼容其他支持MCP的AI平台，实现“一次开发，多处部署”。

从技术实现上看，MCP通过JSON-RPC消息传递实现标准化通信。当AI需要调用某个工具时，它会向对应的MCP服务发送一个JSON-RPC请求，其中包含工具名称和参数，服务执行操作后将结果以JSON格式返回。这种标准协议确保了组件间的互操作性，避免了因接口不一致导致的集成失败。

安全性方面，MCP提供了完善的权限控制机制。工具可以声明所需的权限级别，用户在配置时可明确授权范围。例如，在文件系统访问中，用户可以指定AI只能访问特定目录而非整个硬盘，既保证了功能可用性，又维护了系统安全。敏感信息，如API密钥，可通过环境变量设置，避免在配置文件中明文存储。

虽然服务、工具、资源这些概念听起来有些技术性，但实际使用中用户只需知道：服务提供能力，工具执行操作，资源是操作对象。通过简单配置，就能让OpenClaw获得各种外部能力，从文件操作到复杂系统集成，真正实现“让Agent自己干活”。

随着MCP生态发展，各类资源与服务被标准化开放，从文件系统到数据库与通信工具，它构建了连接AI与万物的桥梁。掌握其核心概念和配置，即可扩展AI助手能力，实现智能化的自动工作流程。

4.2 实战：将一个现有的API包装为MCP服务

4.2.1 搭建一个提供“天气查询”工具的MCP服务器

在AI助手的世界里，AI能够调用外部服务是一项核心能力。MCP协议的出现，为这项任务提供了标准化的解决方案。将现有API包装为MCP服务，就像为传统电器安装一个USB-C转换器，让它能够接入现代化的智能系统。这个过程不仅技术可行，而且对初学者来说也相对容易上手。通过标准化的包装，任何现有的API都可以被AI助手理解和调用，从而大大扩展了AI的能力边界。

接下来将通过一个完整的实战案例，从零开始构建一个真实可用的MCP服务器。这个服务器将实现天气查询功能，可以被OpenClaw等AI助手调用，让AI获得查询实时天气的能力。整个开发过程涵盖了从环境搭建、代码编写、功能测试到实际部署的完整流程，每一步都有详细的操作说明和代码解析。

◎ 步骤1：安装Python环境

开始开发之前，首先需要在计算机上安装Python运行环境。虽然MCP协议支持用多种编程语言实现，但Python凭借其简洁易读的语法和丰富的第三方库生态，成为开发MCP服务器的首选语言。特别是对于初学者来说，Python的学习曲线平缓，能够快速上手。

打开浏览器访问Python官方网站，页面会自动识别操作系统并推荐对应版本。建议下载Python 3.9或更高版本，这些版本对异步编程有更好的支持，并且修复了早期版本的一些已知问题。

安装完成后，需要验证Python是否正确安装。打开终端程序（Windows用户可以使用命令提示符或PowerShell，Mac用户可以使用Terminal），输入以下命令：

```
python --version
```

如果看到类似Python 3.11.5或Python 3.9.13这样的版本号输出，说明Python已经成功安装并且环境变量配置正确。

◎ 步骤2：创建项目目录和虚拟环境

Python安装完成后，接下来需要为项目创建独立的工作目录和虚拟环境。虚拟环境是Python开发的最佳实践，它可以为每个项目创建隔离的依赖空间，避免版本冲突。打开终端，首先创建项目目录，选择一个合适的位置，比如用户文档目录或专门的项目文件夹，执行以下命令：

```
# 创建项目目录
mkdir weather-server-mcp
cd weather-server-mcp
```

这两条命令创建了名为weather-server-mcp的目录，并将当前工作目录切换到这个新建的目录中。项目目录的名称可以根据实际需求修改，但建议使用小写字母和连字符，避免使用空格和特殊字符。这是编程中的命名规范。接下来在项目目录中创建虚拟环境：

```
# 创建虚拟环境
python -m venv venv
```

这条命令使用Python内置的venv模块创建虚拟环境。-m venv表示运行venv模块，最后的venv是虚拟环境的目录名称。命令执行后，会在项目目录下生成一个名为venv的文件夹，这个文件夹包含了Python解释器的副本、pip包管理工具和独立的site-packages目录，所有通过pip安装的第三方库都会存储在这个目录中，不会影响系统的全局Python环境。

虚拟环境创建完成后，还需要激活它。激活操作会修改当前终端会话的环境变量，使得python和pip命令指向虚拟环境而不是全局环境。不同操作系统的激活命令有所不同：

```
# 激活虚拟环境
# Windows用户
venv\Scripts\activate
```

```
# Mac/Linux用户
source venv/bin/activate
```

激活成功后，命令行提示符前会出现(venv)标识，表示当前正在使用虚拟环境。这个标识非常重要，它提醒用户当前的操作会影响哪个Python环境。如果需要退出虚拟环境，只需执行deactivate命令即可。

◎ 步骤3：安装依赖包

虚拟环境激活后，就可以安装开发MCP服务器所需的依赖库。Python拥有丰富的第三方库生态，通过pip工具可以方便地安装这些库。执行以下命令一次性安装所有必需的依赖：

```
pip install mcp aiohttp anyio
```

这条命令会从Python官方的包索引服务器（PyPI）下载并安装三个核心库。这三个库各自承担着重要的职责。mcp是MCP协议的官方Python实现库，提供了创建MCP服务器和客户端的基础框架。aiohttp是一个功能强大的异步HTTP客户端和服务器库。anyio是一个异步编程的抽象层，它提供了统一的API接口，让代码可以在不同的异步运行时上运行，增强了代码的可移植性和兼容性（见图4-7）。

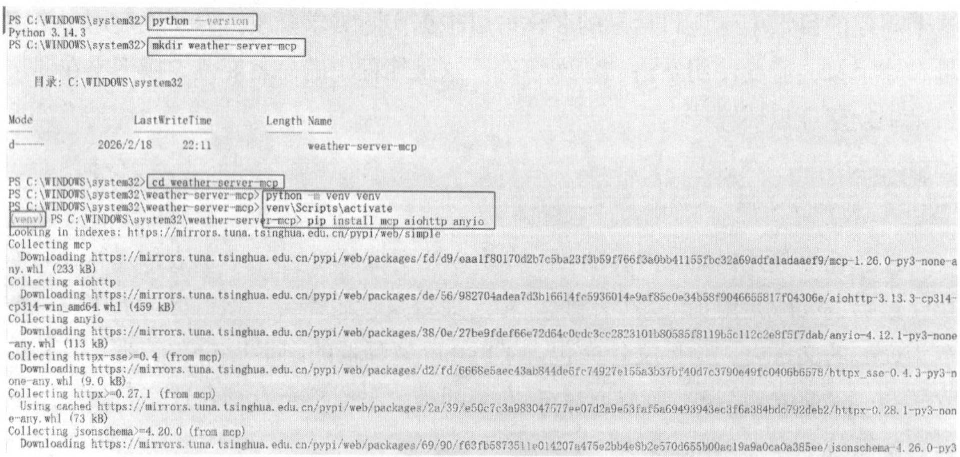

图4-7 MCP安装激活

◎ 步骤4：注册OpenWeatherMap API密钥

天气数据需要从专业的气象服务提供商获取。OpenWeatherMap是全球知名的天气数据平台，为我们提供免费的API接口，支持查询全球数十万个城市的实时天气、天气预报、空气质量等数据。虽然是免费服务，但需要注册账号并获取

API密钥后才能使用。

打开浏览器访问OpenWeatherMap官网，点击右上角的“Sign Up”按钮注册新账号（见图4-8）。填写电子邮箱地址、用户名和密码，完成人机验证后提交注册信息。注册成功后，系统会向邮箱发送验证邮件，点击邮件中的验证链接来激活账号。

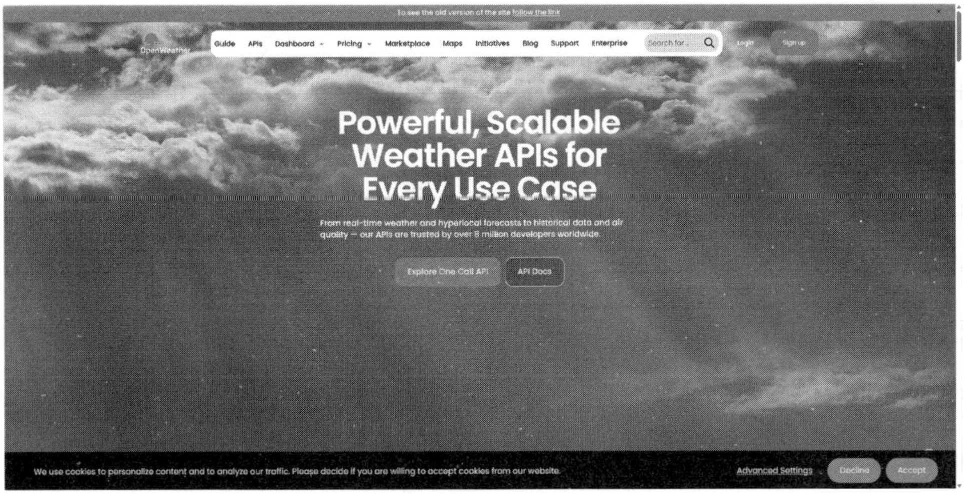

图4-8　OpenWeatherMap官网

登录账号后，点击用户名下拉菜单，选择“My API keys”，进入API密钥管理页面。生成一个API密钥，复制这个密钥并妥善保存，后续代码中会用到（见图4-9）。

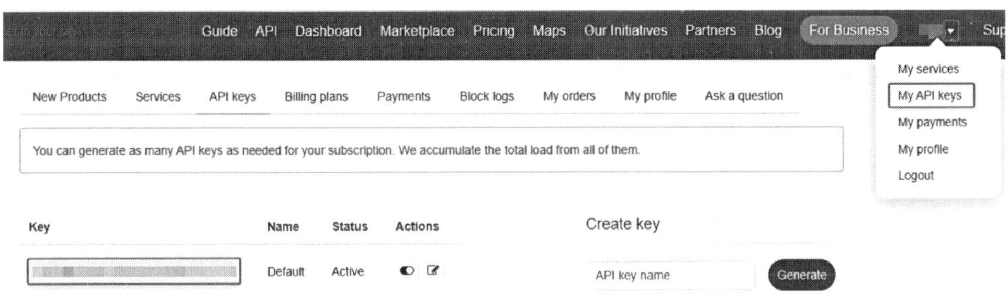

图4-9　获取API密钥

◎ 步骤5：创建服务器代码文件

环境准备工作完成后，开始编写MCP服务器的核心代码。在项目目录中创建一个名为server.py的Python文件，这个文件将包含服务器的完整实现逻辑。在server.py文件中写入以下完整代码：

```
import asyncio
import aiohttp
from mcp.server import Server
from mcp.server.stdio import stdio_server
from mcp.types import Tool, TextContent

app = Server("weather-forecast")

# 你的OpenWeatherMap API Key
API_KEY = "API_Key"

async def get_weather(city: str) → str:
    url = f"http://api.openweathermap.org/data/2.5/weather?q={city}&appid={API_
KEY}&units=metric&lang=zh_cn"

    try:
        async with aiohttp.ClientSession() as session:
            async with asyncio.timeout(10):
                async with session.get(url) as response:
                    response.raise_for_status()
                    data = await response.json()

                    temperature = data['main']['temp']
                    description = data['weather'][0]['description']
                    result_text = f"{city}的当前天气：温度{temperature}℃,
{description}"

                    return result_text

    except asyncio.TimeoutError:
        return f"错误：查询{city}天气时请求超时，请稍后重试"
    except aiohttp.ClientResponseError as e:
        if e.status == 404:
            return f"错误：未找到城市'{city}'，请检查城市名称是否正确"
        elif e.status == 401:
            return f"错误：API密钥无效或未激活"
        else:
            return f"错误：HTTP请求失败 - 状态码{e.status}: {e.message}"
    except KeyError as e:
        return f"错误：解析天气数据失败，响应数据缺少必需字段{e}"
    except Exception as e:
        return f"错误：获取天气信息时发生未知错误 - {type(e).__name__}: {str(e)}"

@app.list_tools()
async def list_tools() → list[Tool]:
    return [
        Tool(
            name="get_weather",
            description="根据城市名称查询当前天气情况，包括温度和天气状况",
            inputSchema={
                "type": "object",
                "properties": {
                    "city": {
```

```
                    "type": "string",
                    "description": "城市名称，例如'Beijing'或'上海'"
                }
            },
            "required": ["city"]
        }
    )
]

@app.call_tool()
async def call_tool(name: str, arguments: dict) → list[TextContent]:
    if name != "get_weather":
        raise ValueError(f"未知的工具: {name}")

    city = arguments.get("city")
    if not city:
        raise ValueError("缺少必需参数: city")

    result = await get_weather(city)
    return [TextContent(type="text", text=result)]

async def main():
    async with stdio_server() as (read_stream, write_stream):
        await app.run(
            read_stream,
            write_stream,
            app.create_initialization_options()
        )

if __name__ == "__main__":
    asyncio.run(main())
```

◎ 步骤6：测试服务器的基本功能

代码编写完成后，首先进行基本的功能测试，确保服务器能够正常启动。保存server.py文件后，在终端中确保虚拟环境已激活，命令行提示符前有(venv)标识，然后运行：

```
python server.py
```

服务器启动后，终端会进入等待状态，看不到任何输出信息，光标会一直闪烁。这是完全正常的现象，因为MCP服务器使用标准输入输出进行通信，它在等待客户端通过这个通道发送请求。

◎ 步骤7：使用MCP Inspector进行交互式测试

MCP官方提供了一个名为Inspector的调试工具，它提供了图形化界面，可以方便地测试MCP服务器的各项功能。Inspector是一个基于Web的工具，使用Node.js开发，因此首先需要安装Node.js环境。访问Node.js官网，下载并安装。安装完成后，打开新的终端窗口，执行以下命令安装Inspector，同时安装所需依赖：

```
npm install -g @modelcontextprotocol/inspector
# 安装所需依赖
pip install mcp aiohttp
```

-g参数表示全局安装，安装完成后可以在任何位置使用mcp-inspector命令。如果遇到权限错误，Windows用户需要以管理员身份运行命令提示符，Mac/Linux用户需要在命令前添加sudo。安装完成后，在项目目录中启动Inspector：

```
mcp-inspector python server.py
```

这条命令会同时启动MCP服务器和Inspector调试界面。几秒钟后，浏览器会自动打开并加载Inspector界面（见图4-10）。Inspector界面分为几个主要区域。左侧面板显示服务器的基本信息，可点击“连接”按钮进行服务器连接（见图4-11）。

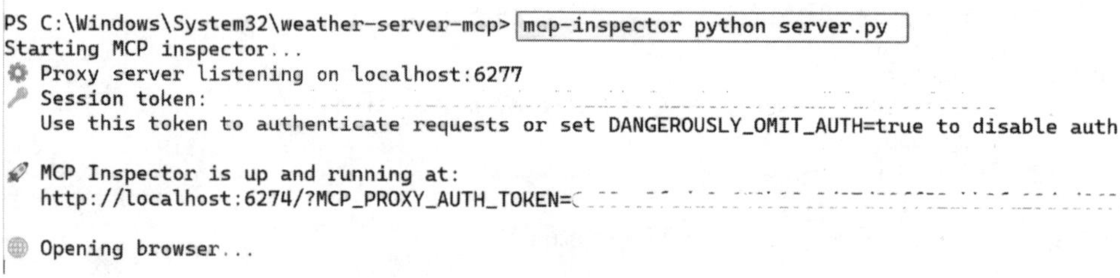

图 4-10　启动 Inspector 调试界面

连接成功后，中间面板显示服务器提供的工具列表，选择“get_weather”工具，可以看见其详细描述和参数定义。右侧面板是工具测试区域，输入参数“Beijing”，选择“作为任务运行”并点击“运行工具”按钮发起调用。Inspector会将请求发送给MCP服务器，服务器处理完成后返回结果。几秒钟后，在下方的响应区域会显示北京的天气信息，包括温度、天气状况的详细数据（见图4-12）。

通过MCP检查器的测试界面，可以直观地看到工具的执行过程。同时，历史面板会自动记录每一次工具调用的原始请求与完整响应，方便我们回溯调试、对比不同版本的执行结果或快速复现特定场景下的问题（见图4-13）。

图 4-11　Inspector 调试界面 - 连接服务器

图 4-12　测试工具及结果

图 4-13　历史结果查看

至此，天气查询MCP服务器端的开发和测试工作已经全部完成。通过搭建天气查询MCP服务器的完整过程，可以看到将现有API封装为MCP服务的可行性和价值。这个过程涉及环境准备、代码实现、测试等多个环节。MCP协议的标准化设计，使得API封装变得简单而规范。我们只需要关注业务逻辑的实现，而不需要关心底层的通信协议。这种设计大大降低了开发门槛，让更多的用户能够参与到MCP生态的建设中。

4.2.2 在OpenClaw中配置并调用该服务

完成天气查询 MCP 服务器的开发后，接下来的任务便是将它接入 OpenClaw 系统，让智能助手真正听懂并回应与天气相关的问题。通过正确的配置，OpenClaw会将这台“天气查询工具”纳入自己的能力清单。当用户在聊天中提到“明天会下雨吗”或“周末天气怎么样”时，智能助手能够自动识别出这是天气查询的意图，主动调用开发好的服务，从外部API获取实时气象数据，再将信息组织成自然流畅的对话回复。

首先使用mcporter配置服务器，mcporter是连接OpenClaw与MCP服务器的桥梁，它负责管理服务器的注册、启动和通信。现在需要将开发好的天气服务器注册到OpenClaw的配置系统中，让智能助手能够识别并调用它。在命令行中执行以下命令：

```
openclaw-cn MCP server configuration config
#配置列表
mcporter config add weather-forecast --stdio "C:\Windows\System32\weather-server-mcp\venv\Scripts\python.exe" "C:\Windows\System32\weather-server-mcp\server.py"
```

weather-forecast是服务器的唯一标识名称，OpenClaw将通过这个名称来识别和调用天气服务。--stdio指定使用标准输入输出（stdin/stdout）作为通信方式。这是MCP协议的标准通信模式，确保服务器与客户端之间能够可靠地交换数据。

第一个参数指向Python解释器的完整路径。使用虚拟环境中的Python可以确保依赖隔离，避免版本冲突。第二个参数指向MCP服务器脚本的完整路径，这是实际执行服务的代码。

执行这条命令后，mcporter会自动将配置信息写入配置文件，为后续的服务调用做好准备。配置完成后，需要确认服务器是否已成功注册。执行以下命令查看已注册的MCP服务器列表：

```
mcporter list
```

成功配置后，能看到以下的输出（见图4-14）：

```
mcporter 0.7.3 — Listing 1 server(s) (per-server timeout: 30s)
- weather-server (offline — unable to reach server, 0.1s)
√ Listed 1 server (0 healthy; 1 offline).
```

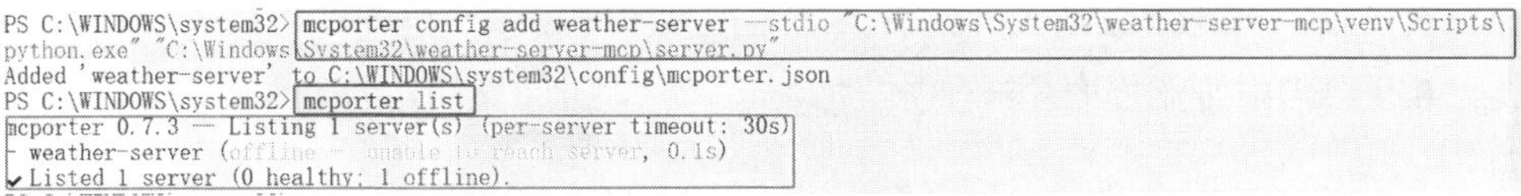

图 4-14　mcporter 配置服务器

在 OpenClaw 的配置文件中添加服务器信息，通常需要编辑~/.openclaw/config/mcporter.json文件，该文件采用JSON格式，集中管理所有MCP服务器的注册信息。在 mcpServers 对象中新增一个条目，告诉 OpenClaw 在需要调用天气查询功能时，应该启动哪个程序、如何启动，以及是否保持服务长期运行。

```
{
  "mcpServers": {
    "weather-server": {
      "command": "C:\\Windows\\System32\\weather-server-mcp\\venv\\Scripts\\python.
exe",
      "args": [
        "C:\\Windows\\System32\\weather-server-mcp\\server.py"
      ],
      "keepAlive": true
    }
  },
  "imports": []
}
```

command 字段指定了要运行的可执行文件的完整路径，args 数组则提供了传递给该命令的参数，即需要执行的Python脚本的路径。keepAlive 字段设置为 true，表示该服务启动后会一直驻留在后台，随时准备接收请求，而不是每次调用时才临时启动，这样能提高响应速度。如果需要修改路径或添加其他参数，可以直接编辑这个文件。

天气查询 MCP 服务器已成功配置到 OpenClaw 系统中，现在可以通过简单的命令行指令来调用它。首先可以执行查看可用工具的命令，确认 get_weather 功能已就绪。当用户需要查询实时天气时，只需调用相应的天气查询命令并指定目标城市，即可获取返回温度、天气状况等详细信息。

```
# 查看可用工具
mcporter list weather-server --schema

# 调用天气查询
mcporter call weather-server.get_weather city:Beijing
```

打开OpenClaw聊天界面，在对话框中输入自然语言请求。例如，“查询北京的天气”，OpenClaw内置的自然语言理解能力会自动分析这句话的意图，准确判断出用户需要获取的天气信息。随后识别出需要调用已配置好的天气查询工具，并从语句中智能提取关键参数，如城市名称“北京”进行查询（见图4-15）。

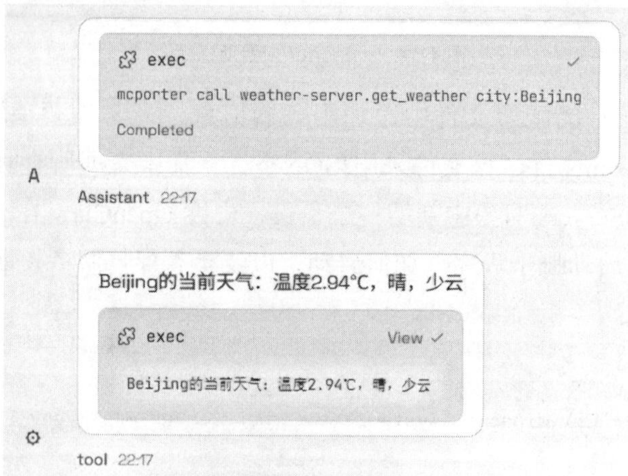

图 4-15　反馈结果

配置MCP服务时，需要确保环境变量正确设置，权限配置合理，以保证服务能够正常启动。随着MCP生态的不断发展，会有越来越多的工具和服务被标准化并开放。掌握MCP服务的配置和使用方法，就等于掌握了扩展AI助手能力的关键技能。通过这个通用接口，AI助手可以连接任何需要的工具，实现智能化的自动化工作流，提升工作和生活效率。

4.3　安全与权限：控制Agent能访问什么

赋予AI助手系统权限，如同给一名员工发放万能钥匙，既能开启办公室门，也能打开保险柜。OpenClaw的设计理念是“能力最大化”而非“安全优先”，这意味着它默认拥有文件系统读写、浏览器控制、API密钥访问、社交账号使用乃至系统命令执行等广泛权限。一旦OpenClaw被攻破，攻击者获取的不只是AI助手，而且是整个数字生活。这种“上帝权限”模式使安全防护成为使用OpenClaw的核心问题。

自主智能体的核心风险在于系统代理权限过高。风险包含三个层面：微观行为失控、智能体隐蔽通信，以及宏观防线受到冲击。当数百万个拥有系统权限的节点为任务结盟时，可能形成去中心化的僵尸网络，传统防御难以应对。这种风险需要全新的安全策略来应对。

构建防护体系需先建立威胁模型。不安全实现易致漏洞，如直接执行用户命令或未经检查地访问文件。安全措施应包含白名单验证、权限请求和沙箱执行；文件操作应有路径规范化、权限审查等功能。分层防护是可靠代理模式的基础。

宏观上，AI Agent的风险还来自系统架构。如OpenClaw默认信任本地回环连接，无法识别反向代理转发的真实IP，致使攻击者可伪造请求绕过认证获取管理权。更严重的是，OpenClaw可执行Shell命令、修改系统配置、访问敏感文件（如SSH密钥、API凭证），甚至通过容器逃逸操控主机系统。这种系统级权限若管理不当，将带来灾难性后果（见图4-16）。

图 4-16　安全威胁模型与防护基础

OpenClaw安全性由三个维度支撑：强化的沙箱环境、交互对等验证、操作审计日志，它们共同构成安全架构的基础。强化的沙箱环境是OpenClaw安全体系的第一道防线。最新版本推荐并逐步强制将高风险操作放入Docker容器中运行。即使AI被恶意指令误导执行危险命令，受损的也仅限于隔离容器，而非宿主机系统。沙箱如同独立的实验室，不影响外部世界。OpenClaw构建三道防线：物理隔离（Docker沙箱）、逻辑门禁（ACP权限协议）、策略守卫（白名单与门控），形成纵深防御体系。

交互对等验证机制可防止他人远程操控 AI 助手。强化“配对”逻辑，只有通过加密握手协议并验证特定 IM 账号的用户才能下达指令。用户需设置 ALLOWED_USER_IDS 参数，指定可控制 AI 助手的账号，实现细粒度权限控制。身份管理在 Agentic AI 系统中尤为重要，涉及 User 身份认证、Agent Action 对身份和鉴权会话的传递、tools对用户的授权等，需严格管理。

操作审计日志记录AI尝试执行的每一个敏感指令，并将其存储在固定路径中。一旦发现异常行为，可追溯至具体指令或插件。审计日志如同“黑匣子”，为安全分析和故障排查提供关键数据。在企业级应用中，定期审计高危操作（如文件删除、系统命令执行），设置异常行为告警，是必要措施（见图4-17）。

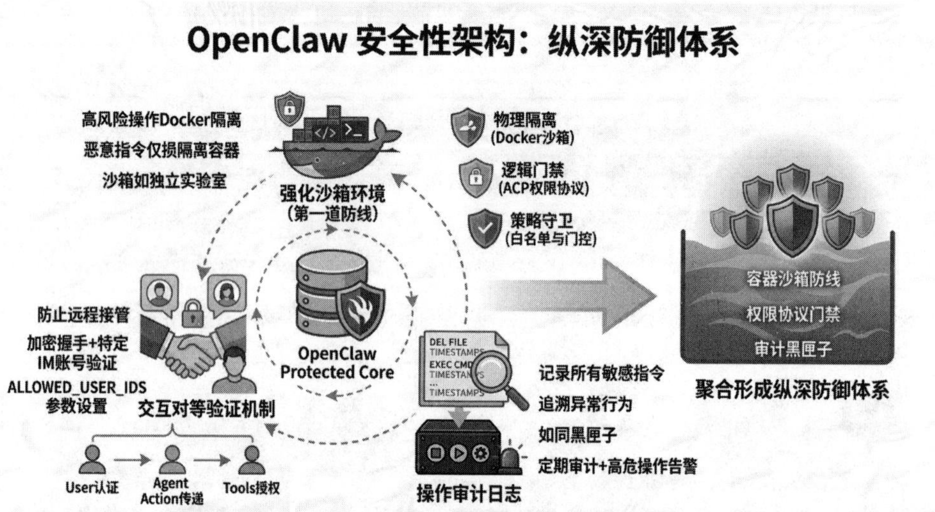

图4-17　OpenClaw 安全架构基础

Agentic AI系统中的身份认证与传统应用存在本质区别。传统应用对用户身份管理明确，但引入AI Agent后，数据查询和第三方系统调用由AI代理完成，可能涉及其他用户的权限范围。这种代理行为的身份传递和权限验证，给企业带来了全新挑战。

部署环境的选择是保证安全的第一步。建议使用专用服务器运行OpenClaw，避免与业务系统混用。即使AI被恶意利用，也不会影响核心业务。选择合适的服务器配置和地域，海外节点免备案，国内需ICP备案。企业应制定AI工具使用政策，禁止员工私自在办公终端、开发服务器及生产环境中安装未经审核的AI代理工具。确有需求的须由安全部门进行风险评估（认证配置、沙箱隔离情况）后方可入网。

配置加固包括多个方面。限制文件操作范围，明确工作目录。禁用root直接SSH登录，创建普通用户并给予必要权限。绝对不要使用sudo运行OpenClaw。设置敏感命令黑名单，在skills定义中预设禁止执行的敏感命令关键词（如curl、wget、chmod等）（见图4-18）。

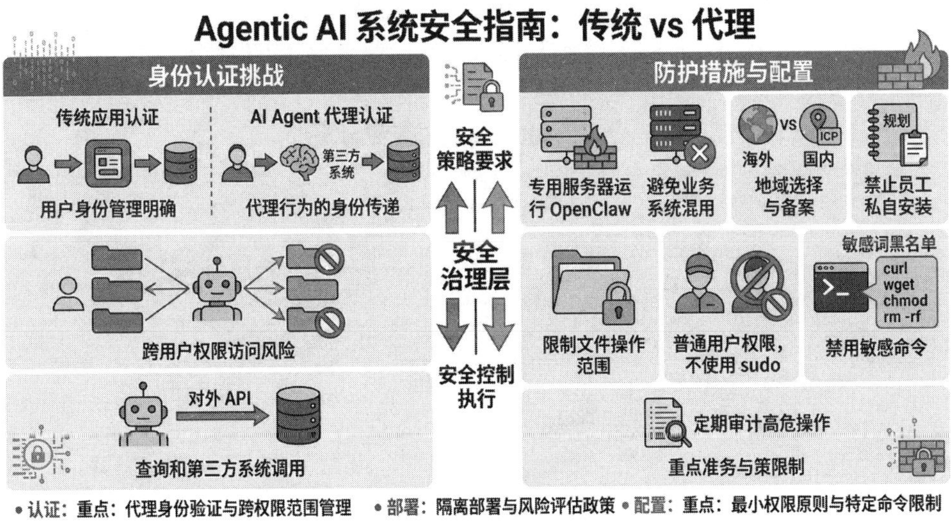

图 4-18　身份认证与环境部署

网络隔离与访问控制是防止外部攻击的关键。限制公网访问，仅允许特定IP或内部网络访问OpenClaw端口（如18789）。修改默认端口为非标准端口（1024～65535）。若需远程访问，建议通过SSH隧道或VPN加密通道连接。默认端口暴露是常见问题，攻击者可通过网络空间测绘平台批量扫描公网暴露设备。

监控与审计是持续安全的重要环节。定期检查安全审计日志，监控资源使用情况。定期进行安全评估，利用网络空间测绘平台（如奇安信鹰图）扫描单位IP段，检查是否存在私自暴露的OpenClaw资产。使用工具扫描器检查代理工具是否存在恶意行为。

人工干预机制是在业务流程中植入“人工干预”节点，对于文件删除、敏感凭证读取等高危操作，强制弹窗由人工点击确认，防止提示词注入导致的自动化劫持。即时审批机制在“src/agents/bash-tools.exec.ts”中实现：当requiresExecApproval返回true时，OpenClaw暂停执行流，通过ACP协议向前端发送exec.approval.request。用户操作直接影响后续流程：Allow Once本次通过；Allow Always不仅通过，还调用addAllowlistEntry将该命令模式写入~/.openclaw/exec-approvals.json，实现“越用越顺手”的体验（见图4-19）。

OpenClaw安全权限管理是系统工程，涵盖沙箱、密钥管理、权限分级和服务器配置。安全对AI助手至关重要，用户需掌握配置方法。合理管理可使AI在安全环境中发挥价值，用户通过学习可掌握基本防护技能。未来AI技术带来的挑战，但最小权限、纵深防御等核心原则不变，需持续改进安全措施。已掌握MCP核心概念，其标准化设计便于功能扩展，通过配置服务即可快速实现新功能。

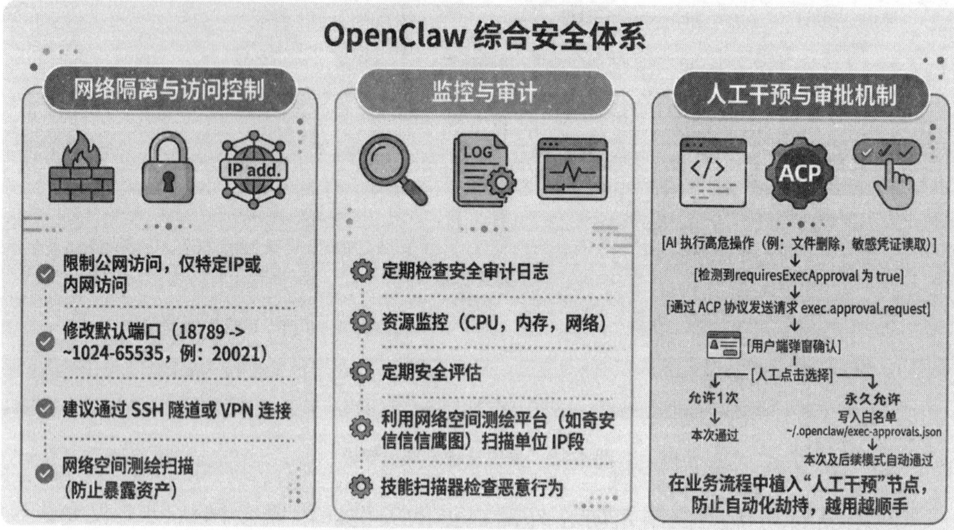

图 4-19　访问控制与持续监控

第3篇

集成到飞书、企业微信与 QQ

第5章

企业级集成模式与安全

在当今企业数字化办公环境中，将OpenClaw智能体集成到现有工作流中已成为提升团队效率的关键实践。接下来将系统地探讨三种主流集成模式，从聊天群中的机器人助手到工作台的智能应用，再到自动触发的流程引擎，每种模式都针对不同的业务场景和用户需求。同时，企业级部署必须建立完善的安全基线，确保智能体在提供高效服务的同时，不会成为安全风险的源头。通过合理的集成设计和安全配置，让AI助手可以真正成为企业数字化转型的可靠伙伴。

5.1　三种主流集成模式

5.1.1　机器人模式：在聊天群中@它办事

在当今的企业数字化办公环境中，机器人模式已经成为OpenClaw智能体最自然、最直接的集成方式。简单来说，就是把AI助手直接“拉进”员工日常使用的聊天工具里，无论是飞书、企业微信、QQ，智能体就像团队中新加入的一位数字同事。大家不需要打开新的网页或应用，只需在群里@它一下，就能像@真人同事一样给它派活。这种模式之所以迅速流行，是因为它真正做到了“沟通即协作”，让AI助手无缝融入现有工作流，而不是变成一个需要额外学习的工具。

OpenClaw的机器人模式基于网关与通道的双层架构设计。网关是整个系统的核心枢纽，作为一个常驻的守护进程，它充当着WebSocket控制平面的角色，统一管理所有消息通道。来自不同即时通信工具（如WhatsApp、Telegram、Discord、Slack等）的用户指令，都会被网关接收并智能路由，分派给合适的Agent处理，最后再将Agent的回复精准地送入对应的渠道。这一机制让OpenClaw能够无缝集成多种聊天平台，实现真正的多端消息聚合。

从技术实现来看，机器人模式的工作流程可拆解为四个阶段：消息接收、意图识别、任务执行和结果返回。当用户在聊天群里@机器人并发出指令时，对应的通道适配器会先将消息转换成OpenClaw内部可识别的Event格式，再通过WebSocke协议传送给网关。网关收到事件后，立即将其路由至相应的Agent，后者相当于系统的“推理大脑”，负责理解上下文、拆解任务，并规划具体执行步骤。整个过程遵循 ReAct（推理+行动）模式，即Agent先分析当前任务，决定下一步动作，然后从技能库中挑选合适的工具并生成调用参数；工具执行后，Agent根据返回的结果判断是否继续推进还是直接输出最终结论。这种机制确保了机器人能够灵活应对复杂指令，并做出准确反馈（见图5-1）。

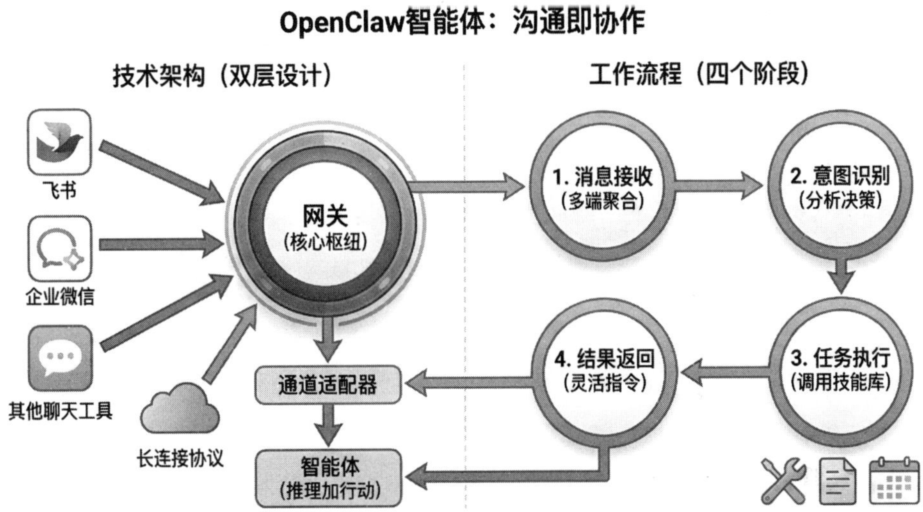

图 5-1 机器人模式的技术架构与实现原理

机器人模式最突出的优势在于它的使用门槛极低，用户接受度天然就高。员工不需要学习新的软件界面，不用安装额外的应用程序，甚至不需要记住复杂的操作流程，只需在每天打开的聊天软件里，像@同事一样@一下机器人，就能获得智能助理的帮助。这种“无感融入”的设计理念，让OpenClaw不再是一个需要单独打开的工具应用，而是悄无声息地“寄生”在员工已有的通信流中，成为随时待命的数字同事。无论是查个简单的信息，还是跑一套复杂的自动化流程，用户都只需要用自然语言跟机器人说一声就行，AI技术就这样自然而然地融入了日常工作。

在实际办公场景中，这种机器人模式已经展现出实实在在的便利性。举个例子，在飞书或企业微信的团队群里，有成员想了解今天的会议情况，直接@机器人问一句“今天的会议纪要整理好了吗？”机器人就会自动去指定位置找到会议记录文件，调用文件处理功能提炼出要点，最后把一份简洁的摘要以卡片形式发回群里，整个过程也就几秒钟。再比如项目复盘时，项目经理想了解各项目进度，只需要在群里@机器人问一句，它就能自动连接项目管理工具，把分散的数据提取出来，生成一张一目了然的进度报告图。这种随叫随到、按需服务的特性，让机器人模式成为团队协作中提升效率的利器（见图5-2）。

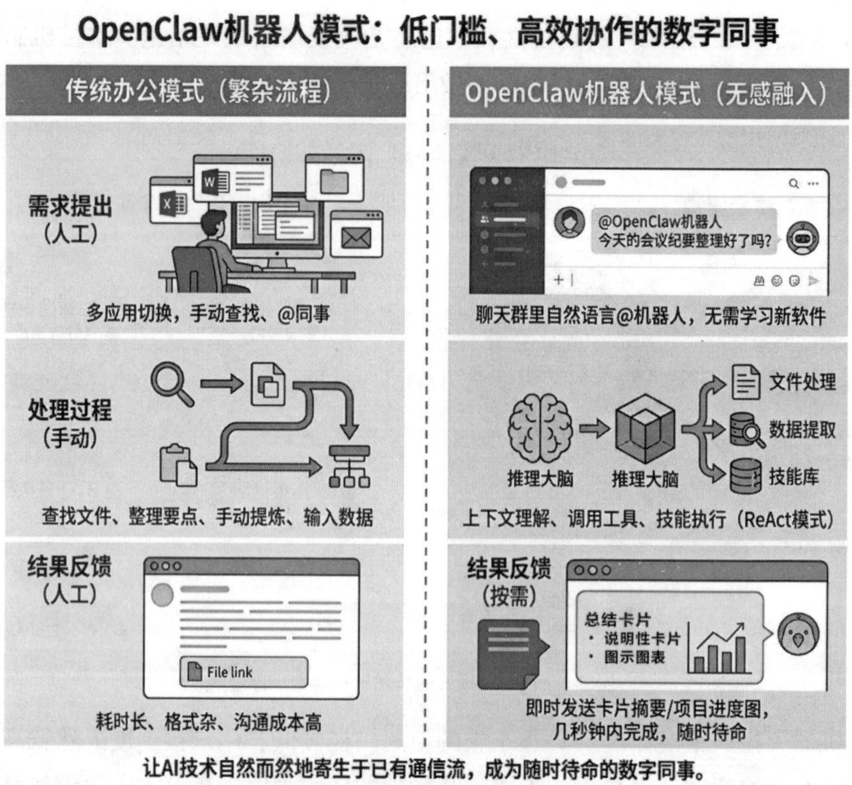

图5-2　机器人模式的用户体验优势

机器人模式的应用早已超越了简单的问答和任务执行。随着OpenClaw技能生态的蓬勃发展，截至2025年2月，社区已经贡献了超多技能，覆盖办公自动化、开发辅助、生活服务等31大类。这意味着机器人能够处理从代码审查到数据分析、从文档处理到系统监控的各类复杂任务，真正成为团队中的多面手。

在开发团队里，机器人可以化身为全天候的代码助手。当用户在技术讨论群中@它并询问“这段代码的性能瓶颈在哪里？”时，它会自动分析代码结构，调用性能分析技能，并给出优化建议，帮团队省下大量排查时间。运维团队则可以把它当作智能监控员，系统一有异常，机器人便能自动检测问题，尝试修复，并将情况和建议第一时间发到聊天群，让管理员随时掌握动态。而在客户服务团队，机器人成了永不掉线的智能客服，自动回答常见问题、处理简单咨询，大大减轻了人工客服的压力。

机器人模式还支持多个机器人协同工作。企业可以根据不同部门的需求，部署多个专用机器人，比如HR机器人专门解答员工的人事疑问，IT机器人负责技术支持，销售机器人协助跟进客户。这些机器人可以共存于同一个聊天群里，各司其职，互不干扰。当用户@特定机器人时，只有对应的那位会回应，指令清晰、响应不乱。这种灵活的多机器人架构，让企业能够搭建起一套完整的数字化助手体系，覆盖从人事到技术再到业务的每一个环节（见图5-3）。

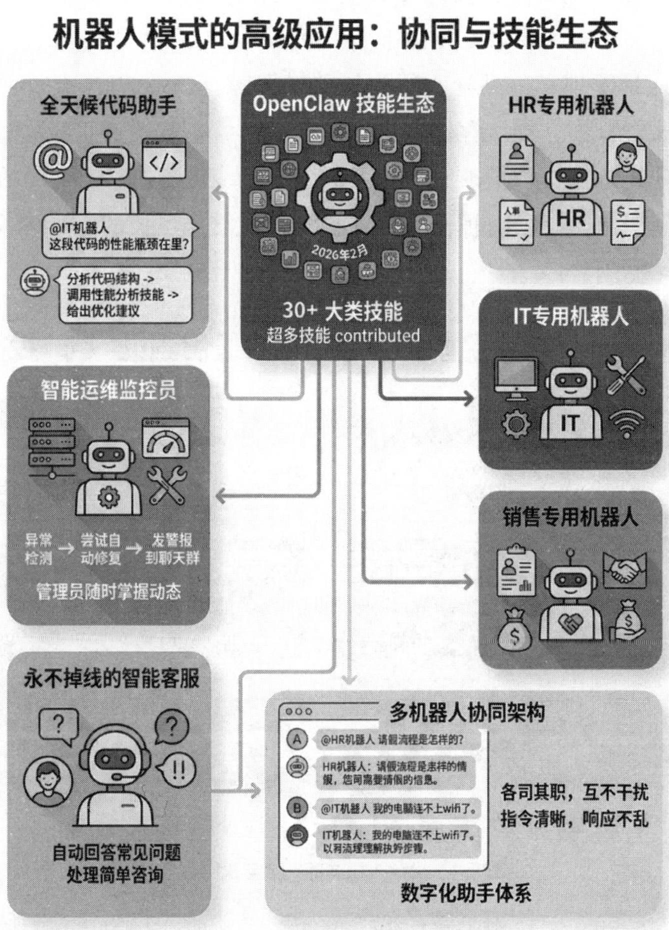

图 5-3　机器人模式的应用场景扩展

机器人模式在带来便捷交互的同时，安全性始终是不可逾越的红线。作为拥有系统级操作权限的工具，OpenClaw构建了一套覆盖身份验证、权限控制和操作审计的三层安全防护体系，确保机器人在受控范围内安全运行。

身份验证是防止未经授权访问的第一道防线。OpenClaw通过强化“配对”机制，确保只有经过加密握手且列入白名单的特定账号才能向机器人下达指令。企业可以精确控制哪些员工、哪些群组有权使用机器人，从源头上杜绝恶意访问。

权限控制是限制机器人操作范围的核心手段。OpenClaw严格遵循最小权限原则，建议在配置中明确限定机器人的工作目录。例如，仅允许其访问指定目录，而非开放整个硬盘权限。这样即使机器人被恶意指令控制，也无法触及系统核心文件。同时，绝对禁止使用sudo权限运行OpenClaw，如果赋予AI动态执行代码的能力却附带Root权限，无异于埋下一颗“自毁按钮”。

操作审计是发现和追溯异常行为的关键保障。OpenClaw会详细记录每一条敏感指令的执行日志，默认存储在固定路径下。管理员通过定期审查这些日志，可以及时发现异常操作，精准定位引发风险的指令或技能插件，并在问题扩大前采取有效措施。这套三层防护体系，让机器人在安全可控的边界内充分发挥其智能协作价值（见图5-4）。

图 5-4　机器人模式的安全与权限管理

在面向企业的实际应用中，机器人能否快速响应、稳定运行，直接决定了用户的使用体验。OpenClaw为此在多个层面做了技术优化。消息层以WebSocket为通信框架，保障指令与信息能够实时往来。模型层则支持灵活切换，当遇上简单任务，调用轻量模型迅速作答；面对复杂场景，系统会自动切换为能力更强的模型，确保执行效果不打折扣。这种按需调配的策略，在性能与成本之间找到了平衡点。

OpenClaw还支持多Agent并行部署。单一网关可以同时承载多位各有所长的Agent：有的专攻文档处理，有的擅长数据查询，还有的负责代码执行。当用户在群里@机器人时，网关会根据任务内容自动将请求派发给最对口的Agent，实现专业化分工。这种架构既提升了处理效率，也让企业可以根据业务发展随时扩充新的数字员工。

系统稳定性方面，OpenClaw引入了强化的沙箱机制。新版本推荐甚至逐步强制要求，凡是Bash命令执行、文件写入这类高风险操作，一律放进Docker容器里运行。这意味着即便AI被恶意指令带偏，攻击也被局限在容器内部，无法触及宿主机。容器化部署还为每个技能划定了清晰的权限边界，AI可以在里面随意折腾，但挂载进去的存储卷才是它真正能触及的疆界（见图5-5）。

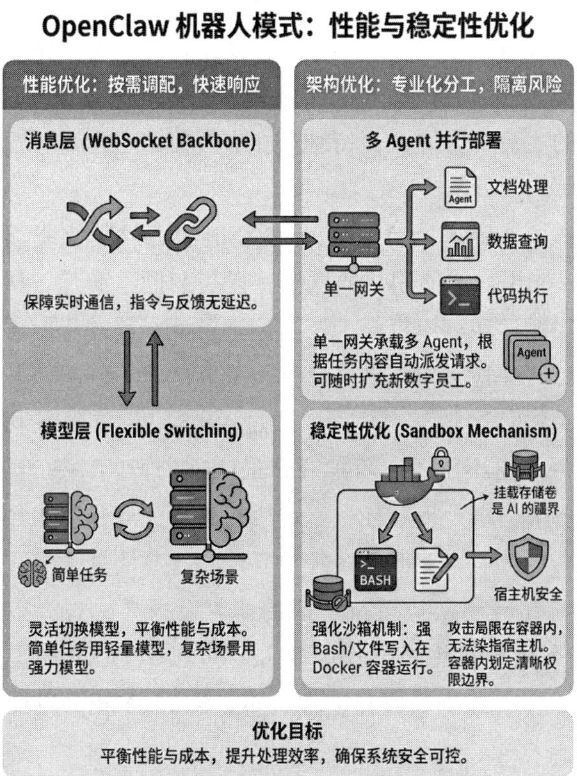

图 5-5　机器人模式的性能优化与稳定性保障

随着AI技术的发展和企业需求的升级，机器人正向更智能、更个性化和更协同化的方向演进。未来机器人不仅能执行预设任务，还能主动学习用户习惯、预测需求，提供个性化服务。通过分析历史交互数据，它能自动调整响应策略。

多模态交互成为重要发展趋势，机器人支持文本、语音、图像、视频等多种交互方式。用户可发送图片供机器人识别并回应，或通过语音指令实现更自然的互动，从而大幅提升实用性。

作为智能体的直接集成方式，机器人模式凭借低门槛、高接受度和强实用性，正成为企业数字化转型的重要工具。企业可将AI助手嵌入日常聊天工具，帮助员工在熟悉的环境中提升效率和改善协作体验。在实际应用中，需合理选择部署方案、配置安全措施、扩展技能范围，并建立运维监控体系，确保系统稳定运行。

5.1.2 应用模式：在工作台打开一个智能应用

在OpenClaw智能体的集成生态中，应用模式代表了从“聊天助手”到“专业工具”的进化路径。这种模式将AI智能体封装为独立的应用程序或工作台组件，让用户能够像使用传统软件一样，通过专门的界面与智能体进行交互。与机器人模式的自然融入方式不同，应用模式强调结构化、专业化和深度集成，为用户提供更稳定、更可控、更专业的智能服务体验。应用模式正在成为OpenClaw在企业级场景中的主流部署方式，特别是在需要复杂工作流、数据可视化、多任务协同的专业领域。

应用模式的核心思路是将OpenClaw的智能能力封装成能够独立运行的应用程序或Web服务，让用户像使用普通软件一样与AI助手交互。从技术实现维度来看，整个应用模式的运转可以拆解为三个逻辑层面。前端界面层负责呈现交互界面，通常用React、Vue这类Web技术构建，用户在这里创建任务、调整参数、查看执行结果；网关通信层则充当桥梁，通过WebSocket在前端和后端之间建立实时双向连接，确保消息不延迟、不掉线；最底层的智能体执行层是OpenClaw的“大脑”，负责理解请求、拆解任务、调用技能来完成具体工作。这种分层设计让系统既稳定又易于扩展，能够应对各种复杂的专业场景。

在具体部署时，应用模式对技术栈的兼容度很高，想做Web应用，有成熟的React、Vue生态可用；想做成桌面软件，可以用Electron把Web界面包装一下，实现跨平台运行；如果需要移动端版本，React Native也能帮助快速适配。

OpenClaw的开放式架构为这些选择留足了空间，我们完全可以根据自己的业务场景和团队技术积累,挑选最顺手的方式落地（见图5-6）。

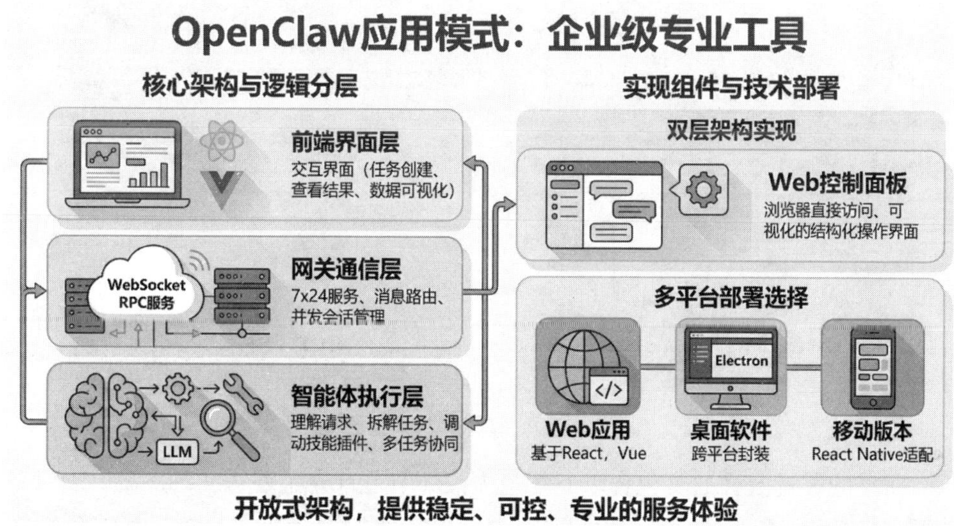

图 5-6　应用模式架构设计

应用模式的应用场景覆盖了从个人生产力到企业自动化的广泛领域。随着OpenClaw Skills生态的不断丰富，基于应用模式的智能应用正在各个专业领域快速扩展。这些技能为应用模式的深度开发提供了坚实的基础。

在开发领域，应用模式能构建专业的代码环境。智能体根据需求自动生成代码框架、实现核心逻辑、编写测试代码并审查代码，以提升开发效率。在数据分析中，智能平台能自动完成数据探索、特征工程、模型训练和结果解释，并生成分析报告。在创意设计领域，智能工具可根据用户需求生成方案、调整布局、优化配色并输出文件。在内容创作中，智能助手能基于主题生成文章、优化表达、检查语法并格式化输出。这些智能应用正在改变各行业的工作方式（见图5-7）。

在实际部署应用模式时，需要根据业务需求和技术架构选择合适的部署方式。OpenClaw 支持从单机部署到集群部署，从本地服务器到云端托管的多种方案。对于中小企业或初次尝试的团队，云服务器一键部署是最快捷的选择，阿里云、腾讯云等主流云厂商均提供了OpenClaw预装镜像，购买后即可快速完成基础环境搭建，大幅降低上手门槛。

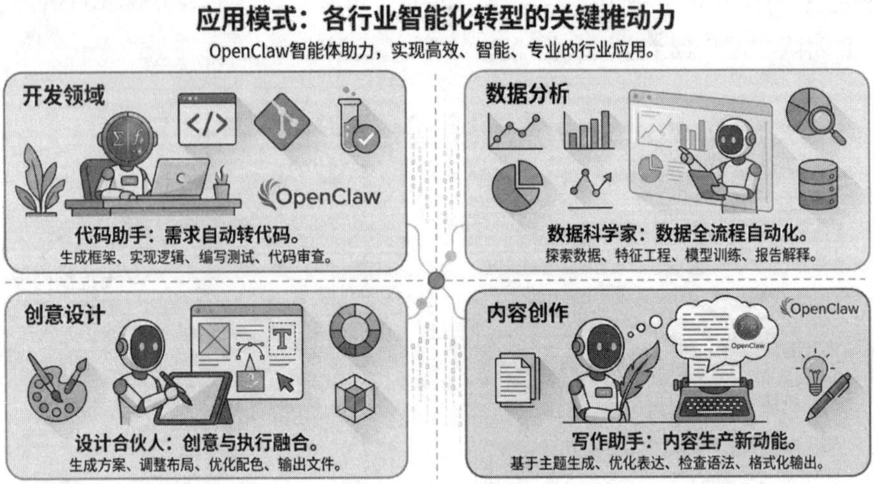

图 5-7　应用场景扩展

完整的配置流程通常包含以下几个关键环节。首先是环境准备，需要确保服务器满足 OpenClaw的运行要求，包括 Node.js 22 或更高版本、充足的存储空间以及稳定的网络连接。接下来是应用部署，推荐采用Docker容器化方式，既能简化环境配置和依赖管理，也便于后续的迁移与扩展。然后是接口集成，需要配置智能应用与外部系统的API对接，确保数据能够顺畅流转，满足业务联动需求。与此同时，权限配置要根据业务场景设置用户角色和访问规则，遵循最小权限原则，保障系统安全。最后是性能调优，根据实际负载动态调整系统参数，优化响应速度和处理能力，确保应用运行流畅（见图5-8）。

图 5-8　部署与配置实践

应用模式作为OpenClaw智能体的专业化集成方式，以其结构化、专业化、深度集成的特点，正在成为企业级智能应用的主流选择。通过专门的界面和完整的工作流，应用模式为用户提供了更稳定、更可控、更专业的智能服务体验。通过应用模式的深度集成，OpenClaw智能体将从简单的聊天助手进化为专业的智能工作伙伴，推动企业向更智能、更高效的方向发展。

5.1.3　流程触发模式：监听事件，自动工作

流程触发模式让OpenClaw从被动响应升级为主动服务，AI智能体通过监听事件、数据变化或时间触发器自动执行预设流程。其核心组件包括事件监听器、触发器引擎和工作流执行器，三者协作实现自动化处理。本地化网关作为技术支撑，可实时监控系统资源并自动触发工作流，如日志修改触发分析，CPU超阈值启动优化（见图5-9）。

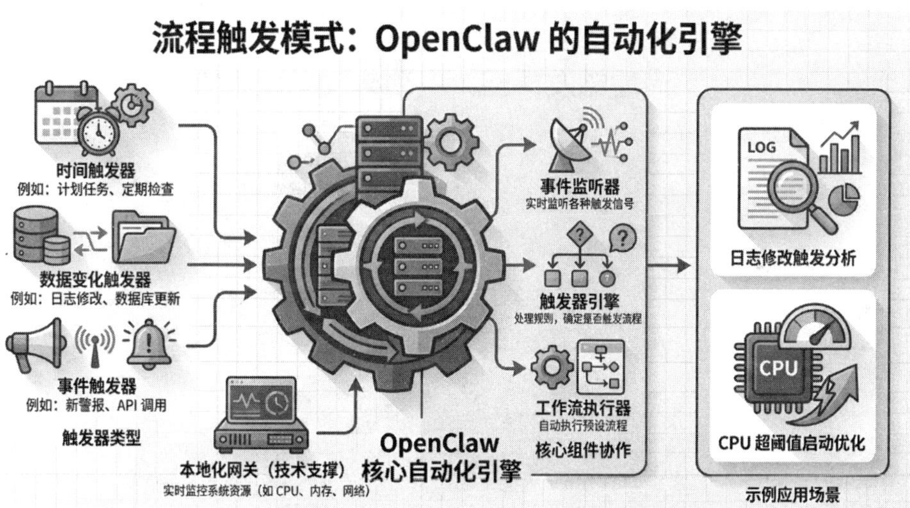

图 5-9　技术架构与实现

流程触发模式具有主动性、预见性的优势，能自主发现异常、预判需求并主动介入。它无须用户指令驱动，适用于系统运维、安全监控等需即时响应的场景。

以企业运维为例，该模式的实用性尤为突出。在服务器监控场景中，可配置智能体持续跟踪系统性能指标，一旦检测到CPU使用率连续5分钟超过80%，便自动触发性能分析工作流：智能体将自行检查进程列表、分析资源占用情况、生成优化建议，并通过企业微信向管理员发送告警。在安全监控场景中，可配置智

能体监听安全日志，当发现异常登录尝试时，立即启动安全响应工作流，由智能体自动分析攻击模式、阻断可疑IP、生成安全报告。

流程触发模式还具备灵活的时间触发能力。通过Cron表达式或自然语言描述的时间规则，可配置智能体在指定时刻执行周期性任务。例如，每天上午9点自动生成前一日销售日报，每周一上午10点自动发送团队周会提醒，每月最后一天自动生成财务月报。这类定时任务的自动化，有效减少了重复性的人工操作，提升了整体工作效率。

更为关键的是，该模式支持条件触发与链式触发机制。既可配置复合触发条件，如“当A事件发生且B条件满足时，执行C工作流”，也可在工作流之间建立依赖关系，形成完整的自动化链条。以订单处理为例，企业可构建如下流程：新订单到达后自动验证库存，库存充足则生成发货单，库存不足则触发采购流程，采购完成后再自动更新库存记录。这种端到端的自动化闭环，使流程触发模式成为优化业务流程效率的理想方案（见图5-10）。

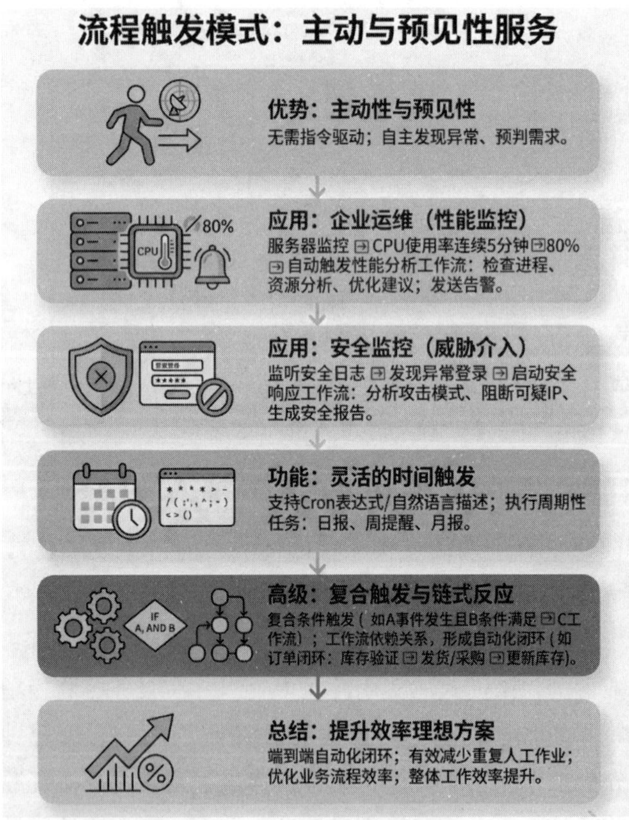

图 5-10　核心优势与应用场景

流程触发模式的应用范围极为广泛，从个人日常自动化到企业级业务流程均可覆盖。随着OpenClaw技能生态的持续壮大，基于该模式的自动化应用正在各个专业领域加速落地。

在开发运维领域，流程触发模式可构建智能化的流水线。通过配置智能体监听代码仓库的提交事件，当检测到新的代码推送时，可自动触发代码审查、单元测试、构建部署等一系列流程。智能体将自主完成代码质量分析、测试用例执行、构建报告生成，并将产物部署至测试环境。这种自动化的开发流程，显著提升了交付效率与质量保障水平。

在数据管理领域，流程触发模式可搭建智能的数据处理管道。用户可配置智能体监听数据源变化，一旦检测到新数据到达，便自动启动数据清洗、转换、分析、可视化等环节。例如，监听数据库更新事件，当销售数据发生变化时，智能体可自动执行分析、生成可视化图表，并同步更新数据看板。这种实时数据处理能力，使业务决策更加敏捷、精准。

在客户服务领域，流程触发模式可构建智能化的客户响应系统。企业可配置智能体监测网站访问、产品浏览、订单创建、客服咨询等客户行为事件，当特定行为发生时，自动触发个性化的响应流程。例如，当客户多次浏览某产品却未下单时，智能体可自动发送优惠券或产品介绍；当订单状态变更时，系统可自动推送状态更新通知。这种智能化的服务响应有效提升了客户体验与转化率。

在个人生产力领域，流程触发模式可打造智能化的个人助理系统。用户可配置智能体来监听日历、邮件、任务列表等个人数据源，当检测到重要事件时，自动触发相应的处理流程。例如，监听日历事件，在会议即将开始时自动准备材料并发送提醒；监听到达的邮件，自动完成分类、摘要并生成回复草稿。这种个性化的自动化服务，极大地提升了个人的工作效率（见图5-11）。

流程触发模式在安全管理上的要求，比另外两种模式更为复杂和严格。因为该模式通常涉及更敏感的数据以及更高程度的自动化操作，所以必须构建一套更加严密的安全体系。OpenClaw为此设计了一个多层次的安全防护模型，以保障各类自动化流程能够安全、稳定地运行。

事件来源的验证是这套体系的第一道屏障。所有触发流程的事件，在进入系统前都必须经过严格的真实性校验，以确认其来源合法且内容未被篡改。OpenClaw集成了数字签名校验、通信双方身份确认、数据传输加密等多种机制，以抵御伪造事件或中间人攻击等攻击。举例来说，当系统接收到一个来自外部API的调用时，会强制校验其携带的密钥与签名；而对于本地文件系统触发的事件发生后，则会核查文件自身的权限设置与修改记录，确保其符合预期。

图 5-11　安全管理与配置实践

权限控制则是为自动化流程划定具体的行为边界。每一个被定义的触发规则及其对应的工作流，都必须明确声明其所需的最低权限，并在执行时进行实时检查。OpenClaw支持非常精细化的权限管理，能够精确规定每个自动化任务可以访问哪些资源、执行哪些操作以及调用哪些系统技能。这种做法贯彻了“最小权限”的安全原则，即使某个流程被恶意触发，其造成的潜在破坏也能被严格限制在预设的范围内。

审批机制是防止自动化系统出现重大失控的“安全阀”。对于那些影响较大或风险较高的操作（如删除文件、修改关键配置），系统支持预先配置审批环节。在执行到这些步骤时，流程会自动暂停，等待获得人工明确授权后才能继续。OpenClaw的审批策略配置非常灵活，可以根据操作的具体类型、预估风险等级或执行时所处的环境等因素，动态决定是否需要人工介入。例如，对于删除操作可以要求强制审批，而对于常规的数据查询则可以设定为自动放行。这种分级处理的方式，在保证自动化效率的同时，也为关键操作加上了最后一道保险。

审计日志是监控和回溯整个流程执行情况的核心工具。OpenClaw会详细记录每一次触发事件的发生、规则匹配的过程、工作流的执行步骤以及最终输出的结果。这些日志不仅是安全审计的重要依据，也是进行故障排查和性能分析的基础数据来源。与此同时，系统支持设置实时监控告警，一旦检测到异常的触发行为或流程执行失败，能够自动发送通知，提醒管理人员及时介入处理（见图5-12）。

图 5-12　安全与权限管理

实施流程触发模式需遵循一套标准化的配置流程，主要包括五个关键步骤：事件源配置、规则定义、工作流设计、权限设置与监控配置。事件源配置阶段需要明确监听的事件类型及其来源。例如，文件系统路径、API端点地址或数据库中的特定数据表。规则定义环节则负责编写触发条件的判断逻辑，支持使用自然语言描述或结构化的规则表达式。工作流设计部分着重于编排任务的执行次序与依赖关系，可通过可视化编排工具或YAML格式的配置文件完成。权限设置需依据业务场景配置相应的执行权限与审批流程。监控配置则用于设定性能采集指标与异常告警阈值。

对于服务连续性要求较高的业务场景，可采用冗余架构部署方案。通过部署多个OpenClaw实例及事件监听器集群，可实现系统的高可用性，当某一实例发生故障时，其他实例能够自动接管其工作任务。同时，系统需配置数据同步机制，确保各实例之间的状态数据保持一致。这种冗余架构设计能够使流程触发模式满足企业级7×24小时不间断服务的运行要求。

集成测试是保障流程触发模式正确运行的重要环节。在正式上线前，需要进行多层次的充分测试，涵盖单元测试（验证单个组件功能）、集成测试（验证各模块协同工作）、压力测试（评估系统承载能力）等方面。测试用例设计应覆盖正常业务流程、边界条件以及各类异常情况。OpenClaw提供了完善的测试工具集与测试框架，支持自动化测试执行与持续集成流程。通过严格的测试验证，可以确保流程触发模式在实际运行中的稳定性和可靠性（见图5-13）。

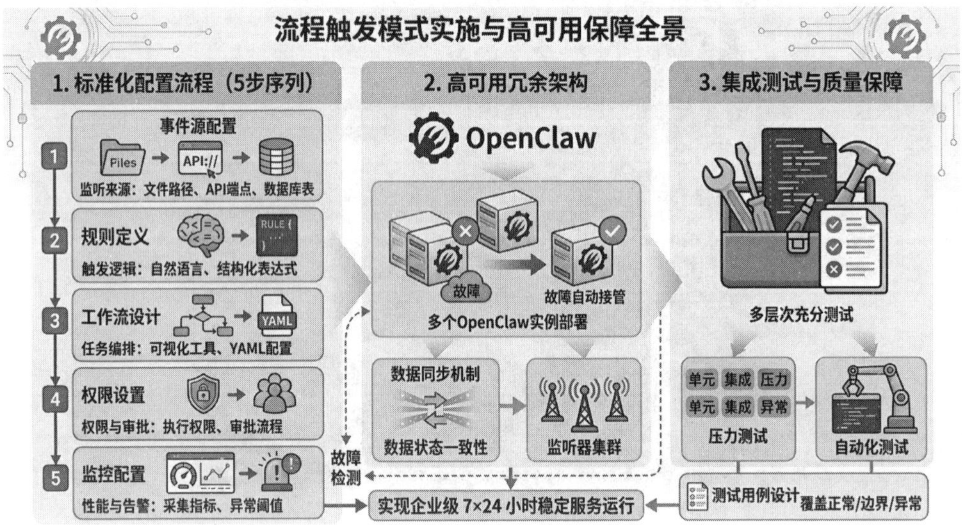

图 5-13　流程触发模式的配置

流程触发模式作为OpenClaw智能体的主动服务方式，以其自动化、预见性、持续性的特点，正在成为企业级自动化系统的核心选择。通过事件监听和自动触发，流程触发模式让智能体能够主动发现问题、预测需求、提前介入，提供自动化服务。

企业需设好触发规则与流程，配备安全措施和性能优化，建立监测体系。建立测试机制，确保流程稳定，适时升级架构扩展能力，使流程触发成为提效的核心。该模式让智能体从被动助手变为主动管家，助力企业向智能化、自动化发展。

5.2　通用安全底线：权限、审计与数据隔离

OpenClaw智能体的安全性是其能否投入使用的关键。作为具有系统操作权限的AI工具，其设计更注重功能扩展而非默认安全性，在不当配置的情况下可能拥有文件访问、系统命令执行等广泛权限。若运行环境被入侵，攻击者可控制用

户的整个数字生活。因此权限控制成为首要防线，必须根据实际场景进行分级管理，限制AI权限范围。

根据实践经验，可以设计一套三级权限体系来满足不同场景的安全需求。L1访客权限适用于外部合作群或公开渠道，只允许只读操作和受限回复。例如，可以查看文件列表但不能读取内容，可以接收消息但不能执行系统命令。L2员工权限适用于公司内部群，允许读写指定目录下的文档、发送消息以及调用基础的运维命令，如查看服务状态、查询日志等。L3管理员权限适用于私聊或核心管理群，拥有对授权资源的完全控制权，但对于高风险操作，如删除文件、重启服务、修改系统配置等，必须在执行前进行二次确认。这种分级设计在确保日常使用便利性的同时，为关键操作提供了安全保障。

在技术实现上，权限控制需要在OpenClaw的配置体系中明确定义。SOUL.md文件作为Agent的核心人格定义，可以植入基础的权限规则和行为边界。例如，永远不要删除文件、当涉及敏感操作时，询问用户等基本原则。而在IDENTITY.md中，可以定义更精细的权限映射逻辑，包括不同群组、不同用户对应的权限级别，以及在不同平台，如Slack与WhatsApp上的差异化行为。当用户请求超出当前会话的权限范围时，Agent应明确回复该操作需要更高权限，请联系管理员或请求切换到具有相应权限的对话环境。这种基于身份和上下文的动态权限判定确保了安全策略的灵活性和可执行性。

OpenClaw的官方架构还提供了更底层的权限沙箱机制，从执行层面杜绝AI误操作的风险。在openclaw.json或exec-approvals.json配置文件中，可以直接定义exec工具的白名单，明确列出允许执行的命令及其完整路径。Gateway作为系统的中枢，会拦截所有工具调用请求，在执行Shell命令前进行严格的正则匹配，只有匹配白名单模式的命令才会被放行。例如，可以配置允许systemctl status、systemctl restart等监控和管理操作，但明确拒绝rm、shutdown、sudo等高风险命令。这种策略性的权限限制，从底层杜绝了因LLM幻觉或提示词注入导致的灾难性操作，是防止rm -rf /悲剧的关键保障（见图5-14）。

OpenClaw的钩子系统为审计监控提供了强大的扩展能力。钩子本质上是一个事件驱动的插件化框架，允许用户自动化响应Agent命令和各类系统事件。系统内置了四个自动发现的捆绑钩子：session-memory负责持久化保存会话上下文，确保对话状态可回溯；command-logger记录所有命令执行事件，形成完整的操作日志；boot-md在Gateway启动时自动运行BOOT.md中的初始化指令；soul-evil则是一个安全增强机制，可在特定条件下动态替换SOUL.md内容，防止智能体人格被恶意篡改。通过灵活启用和组合这些钩子，企业可以构建符合自身需求的全面审计监控体系。

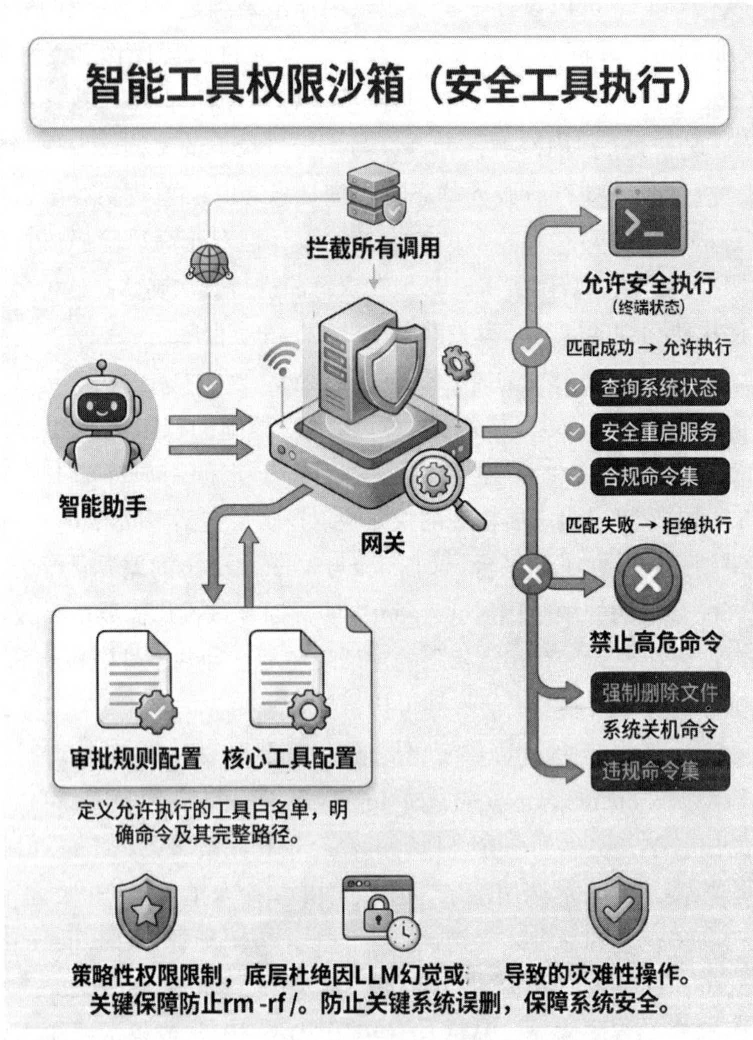

图 5-14　权限控制管理

对于企业级应用而言，还需要引入更专业的审计解决方案来满足合规要求。以博特智能大模型安全围栏为例，它提供了全链路的Prompt/Response留痕功能，无论是被安全策略拦截的恶意请求，还是正常放行的用户对话，都会被完整记录。这种全面的日志留存机制，不仅满足了法规对日志留存和溯源的要求，也为后续的安全策略优化提供了宝贵的数据支撑。高质量的审计日志应当包含几个核心字段：用户ID（明确操作主体）、时间戳（精确到毫秒级）、操作类型（如文件读写、命令执行）、详细参数（如文件路径、命令内容）、执行结果（成功或失败状态）。这些数据构成了安全分析和故障排查的基础，让AI系统的每一次“行动”都有据可查、有迹可循（见图5-15）。

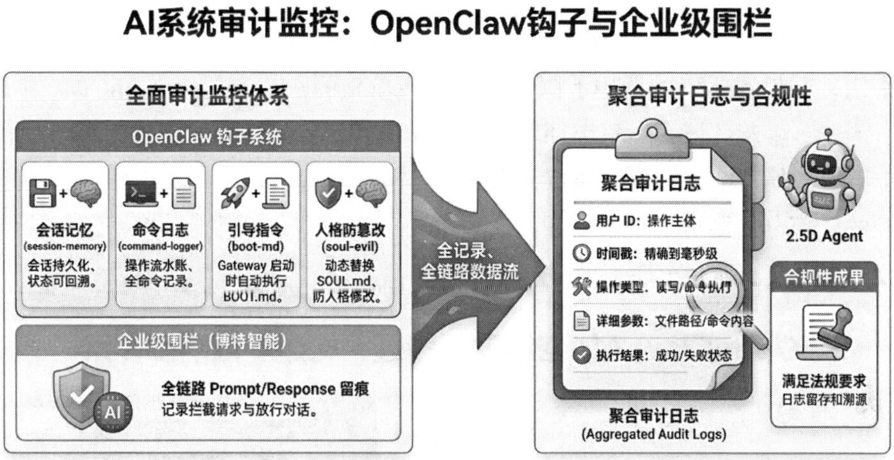

图 5-15　审计监控管理

API密钥的安全管理是OpenClaw部署中至关重要的环节。在默认配置下，用户的API密钥以明文形式存储在~/.openclaw/config.json文件中，这意味着任何能够物理接触或远程访问这台电脑的人，都可以轻松读取这些密钥。更危险的是，如果用户向OpenClaw下达指令“发送配置文件给我”，智能体会忠实执行，直接将包含密钥的配置文件发送出去，导致核心凭证泄露。这种明文存储的设计，可以说是OpenClaw安全风险中最需要优先解决的问题。

环境变量存储是解决密钥明文问题的根本方案。不再将API密钥直接写入config.json，而是通过系统环境变量来存储和管理这些敏感信息，然后在OpenClaw配置中通过变量引用的方式动态获取。具体操作上，可以在终端中执行export OPENAI_API_KEY="sk-xxxxxxxx"设置环境变量，然后在OpenClaw配置文件中使用"openai": "${OPENAI_API_KEY}"的格式进行引用。这种方式确保密钥不再存储于OpenClaw的工作目录中，即使智能体被攻破或用户误操作发送了配置文件，攻击者也无法直接读取环境变量中的敏感信息。阿里云百炼的官方教程也明确推荐采用环境变量方式配置API Key，以降低泄漏风险。

加密存储敏感密钥为必须持久化的密钥。对于那些确实需要以文件形式存储的密钥信息，可以采用加密方式保存。例如，可以将原始密钥进行加密后存储，解密逻辑只在本地执行且不上传到任何服务器。当OpenClaw需要使用时，先进行解密操作，而解密密码只有管理员知晓。这种双重加密机制大大提高了密钥的安全性。部分云服务商也提供专门的密钥管理服务，可以实现密钥的自动轮换和访问审计。

最小权限原则在API密钥管理中同样至关重要。许多用户习惯直接使用主账号的API密钥，这是一个需要纠正的坏习惯。正确做法是创建专用的、权限受限的密钥，并设置明确的调用上限。可以创建单独的账户专门给OpenClaw用于开发、测试、生产环境，为每个环境分配独立的密钥，并设置不同的速率限制和消费上限。即使某个密钥意外泄露，由于权限范围有限且设有消费上限，损失也是可控的。部分云服务商还支持IP白名单功能，可以进一步限制API密钥仅从特定IP地址调用，增强安全性（见图5-16）。

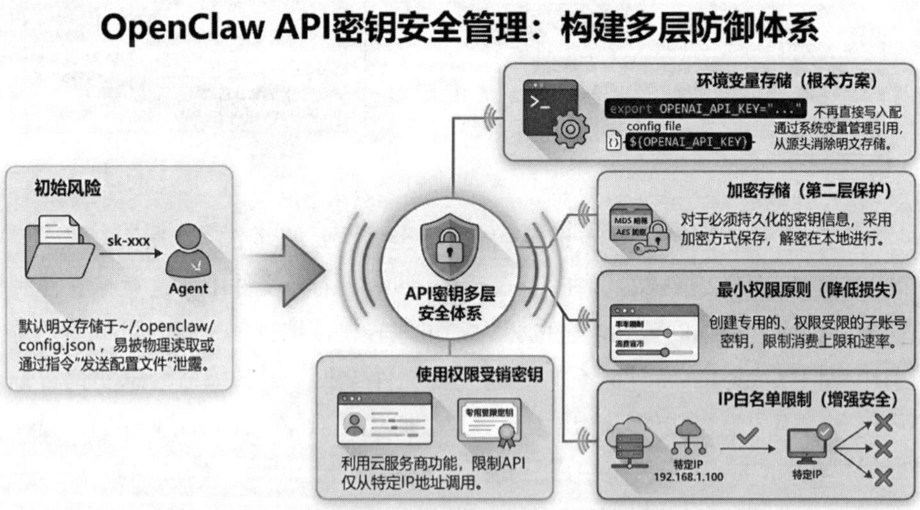

图 5-16　密钥管理

OpenClaw的强大来自Skills生态，但这也是它最大的安全隐患。Skills白名单制度是防范恶意技能的首要措施。可借鉴行业实践建立分级信任机制：官方技能可直接信任，社区高Star项目需经代码审查后使用，个人开发者技能必须在沙箱环境测试验证，坚决禁止使用来源不明的技能。这种分级机制确保了技能来源的可信度，降低了供应链攻击的风险。

自建Skills安全审计，对于必须使用的第三方技能至关重要。审计清单应包含网络请求检查、文件系统操作审查、敏感信息访问监控和行为模式分析。可以使用grep -r "http" skill-directory/检查异常网络请求，使用grep -r "process.env" skill-directory/检测环境变量访问。更专业的工具，如Cisco AI Skill Scanner，结合静态分析、行为数据流检测和LLM语义检查，能够识别SKILL.md文件、Python脚本和二进制依赖中的威胁。社区也涌现了ClawSec这样的开源安全套件，提供持续的安全验证、配置漂移检测和技能完整性校验。

提示词注入防御是技能安全的另一道关键防线。OpenClaw读取外部内容（如邮件、网页）时，AI可能会被“欺骗”执行隐藏的恶意指令。VirusTotal的Code Insight功能基于Gemini大模型，能够分析技能包的实际行为，识别其是否会下载并执行外部代码、访问敏感数据或嵌入诱导Agent执行不安全行为的指令。思科的AI Skill Scanner也提供专门的LLM分析引擎，对SKILL.md和脚本进行语义分析，识别恶意意图。此外，OpenClaw已在2025.2.15版本中修复了工作区路径注入漏洞，对嵌入系统提示中的路径进行清理，防止控制字符破坏提示结构。Bitdefender推出的AI Skills Checker同样可以帮助用户在安装前评估技能安全性，标记隐藏执行、外部下载和不安全命令等风险（见图5-17）。

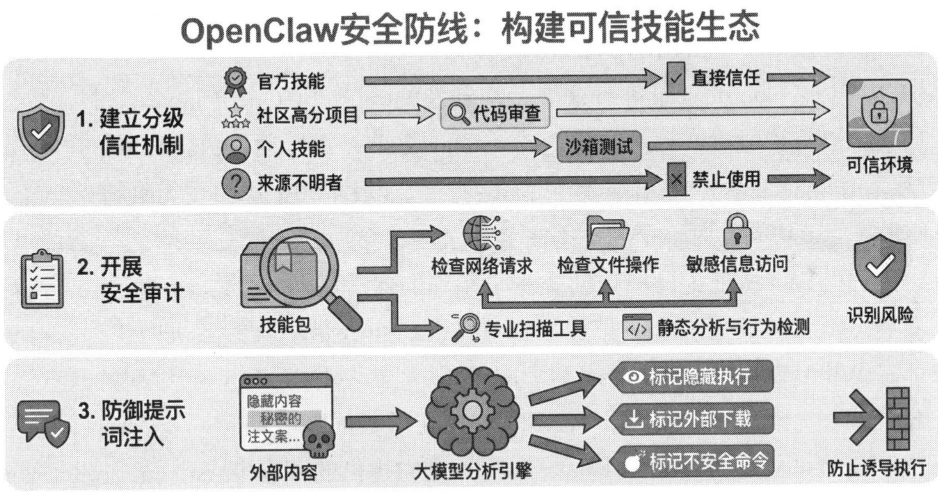

图5-17 技能安全管理

网络访问安全是OpenClaw部署中经常被忽视但极其重要的环节。OpenClaw的网关默认绑定127.0.0.1，意味着只有本地能访问。这是正确的安全默认值，只要用户不改配置，从外部是访问不了的。但很多用户为了远程访问，错误地将host改为0.0.0.0，或者不当配置Docker端口映射，导致服务暴露在公网。OpenClaw的架构设计确实让配置错误的后果变得严重，网关是一个超级节点，存储着API密钥、控制着浏览器自动化、保存着对话历史、能够执行shell命令，所有功能集中在一个进程中。拿到网关的访问权限，就等于拿到了一切。

ailscale方案是最简单、最安全的远程访问方案。它在设备之间建立加密的点对点连接，不需要开放任何公网端口。在运行OpenClaw的服务器上安装Tailscale，在手机/电脑上也安装并登录同一账号，就可以通过Tailscale分配的内网IP地址访问OpenClaw。OpenClaw保持默认的127.0.0.1绑定不用改，Tailscale会处理网络层面的事情。阿里云的官方教程也推荐采用这种方式，通过Tailscale构建安全隧道，实现远程管理。配置完成后，服务器和移动设备位于同一个局域网里，可以互相通信。如果Linux中的DNS被Tailscale覆盖导致网络不通，需要配置NameServer为1.1.1.1或者8.8.8.8。

Cloudflare Tunnel方案适合需要通过域名访问的场景。通过Cloudflare Tunnel创建加密隧道，将本地服务安全地暴露到公网。可以启用Cloudflare Access添加认证层，访问域名时会先经过Cloudflare的认证，通过后才能访问到本地的OpenClaw。这种方式既提供了便利的域名访问，又保证了安全性。配置过程包括安装cloudflared、登录授权、创建隧道、配置DNS记录，最后在Zero Trust面板设置访问策略。Cloudflare Access支持多种身份验证方式，如一次性验证码、GitHub登录、Google登录等。这最后一点是关键，即使OpenClaw有漏洞，攻击者通常难以直接触碰，因为在到达OpenClaw之前，需要通过Cloudflare的多重安全验证。Cloudflare Zero Trust有免费套餐，包含最多50个用户、无限的Tunnel、基本的Access功能，对于个人使用完全够用。

内置的JWT认证为网络访问提供了额外的保护层。OpenClaw自带JWT认证功能，但默认是关闭的。可以启用JWT认证，生成足够长的随机密钥，所有请求都需要带上有效的JWT token。启用JWT认证需要在config.yaml中配置gateway.auth.enabled为true，并设置jwt_secret为一个足够长的随机密钥，该密钥可以使用openssl rand -hex 32生成。启用后，可以用官方提供的脚本生成token，这个token需要在客户端配置中填入。但需要注意的是，JWT只是多一层保护，不能替代网络隔离。即使启用了JWT认证，也不建议直接把服务暴露到公网。

常见错误配置及正确的远程访问方案包括：

错误一：直接改成0.0.0.0会让网关监听所有网络接口，包括公网IP；

错误二：Docker端口映射不当，正确做法是绑定本地，使用docker run -p 127.0.0.1:18789:18789；

错误三：反向代理没加认证，等于把内网服务原样暴露到公网。正确的远程访问应该使用Tailscale、Cloudflare Tunnel或启用内置JWT认证作为额外的保护层。

完整的安全检查清单部署OpenClaw前需要检查：网关绑定地址是127.0.0.1，

不是0.0.0.0；Docker端口映射指定了127.0.0.1；如需远程访问，使用Tailscale/Cloudflare Tunnel；JWT认证已启用作为额外的保护层；API密钥是专用的，不是主账号的密钥；API账户设置了消费上限和告警；服务器防火墙关闭了18789端口的公网访问；定期检查Shodan确认自己的实例没有暴露。

架构层面的反思，OpenClaw 的网关默认不需要认证，因为它只绑定 localhost，来自 127.0.0.1 的请求被认为是可信的。这个假设在容器化时代变得危险，Docker 容器里的 localhost 不是宿主机的 localhost，用户在容器里配置 bind 0.0.0.0 是为了让宿主机能够访问，但如果用户同时做了端口映射且没有在宿主机层面做访问控制，0.0.0.0 就真的变成了面向全网。类似的情况发生在 Kubernetes、各种反向代理配置里，现代部署环境的网络拓扑“localhost 是安全的”这个假设也复杂得多。认证应该是默认开启的，不管绑定什么地址，宁可让本地用户多配置一个 token，也不要让一个配置错误导致全面沦陷（见图 5-18）。

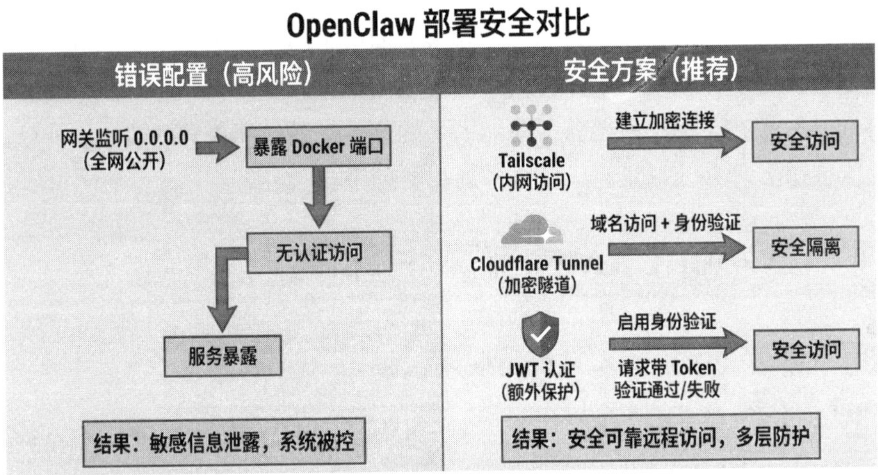

图 5-18　网络访问安全管理

OpenClaw的安全配置是一个系统工程，需要从多个层面进行防护。官方已通过Docker沙箱和配对认证消除了大部分基础设施层面的风险，但用户仍需通过最小权限原则来守住最后一道防线。OpenClaw并不是一个“开箱即用”的消费级软件，而是一个“安全等级取决于用户配置”的技术框架。系统性的安全配置可以让OpenClaw智能体在安全的环境中发挥作用。

企业可掌握OpenClaw智能体的三种主流集成方式并按需部署，同时构建从权限控制到数据隔离的完整安全体系，确保智能体高效、安全地运行。随着数字化的深入，安全可靠的智能体集成将成为提升企业竞争力的关键。

第 6 章

飞书集成：打造智能协作机器人

在当今数字化办公环境中，飞书作为国内领先的企业协作平台，已经成为众多团队日常沟通的核心工具。将OpenClaw智能体集成到飞书中，意味着AI助手能够直接融入日常工作流，在熟悉的聊天界面中为用户提供自动化服务。这种集成不仅提升了工作效率，还让AI助手的使用门槛大大降低，员工无须学习新的工具界面，直接在飞书中就能获得智能助手的支持。通过简单的配置，企业就能拥有一个能够处理办公场景自动化任务的智能助手。

6.1 在OpenClaw中部署飞书机器人

6.1.1 创建飞书机器人并配置应用权限

在企业办公场景中，飞书已成为许多团队不可或缺的协作平台。将OpenClaw智能体接入飞书后，AI助手便悄然融入日常工作的每一个环节，无须切换应用，在熟悉的聊天界面中就能获得自动化支持。这种集成方式让技术隐形于工作流背后，用户不必学习复杂的操作界面，只需像平常一样沟通，就能享受到AI带来的效率提升。

创建飞书机器人的第一步是访问飞书开放平台，进入开发者后台，这是所有飞书应用开发的起点（见图6-1）。在平台中，点击“创建企业自建应用”按钮，填写应用的基本信息（见图6-2）。应用名称可以设为“OpenClaw”或更具业务特色的名称，应用描述应简要说明功能，应用图标可以自定义上传，也可以选择背景色和预设图标，便于用户在飞书中快速识别（见图6-3）。

图 6-1　飞书开放平台

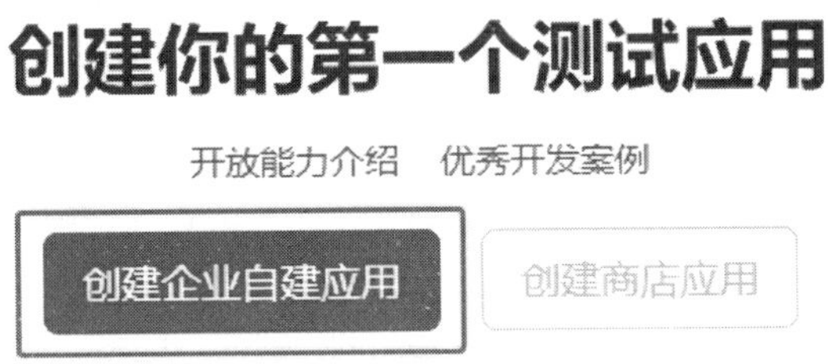

图 6-2　创建企业自建应用

图 6-3　设计企业自建应用

创建应用后，最关键的一步是获取应用凭证。在应用详情页面的“凭证与基础信息”部分，需要记录两个关键信息：App ID（应用ID）和App Secret（应用密钥）。应用ID是应用唯一的ID标识，应用密钥在创建应用时由平台生成，可用于获取app access token（见图6-4）。这些凭证将在后续的OpenClaw配置中使用，是连接飞书与AI助手的关键桥梁。

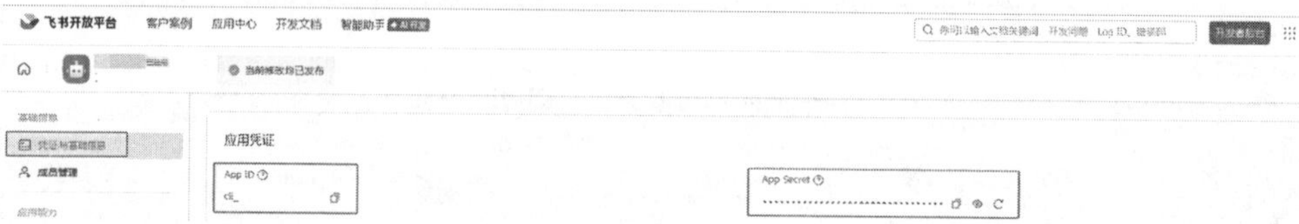

图 6-4　获取应用凭证

接下来，需要为应用添加机器人能力。点击左侧菜单中的“添加应用能力”，在右侧找到“机器人”卡片，点击“添加”按钮即可启用机器人功能（见图6-5）。这个步骤让应用具备了接收和发送消息的基本能力，为后续的智能交互奠定了基础。

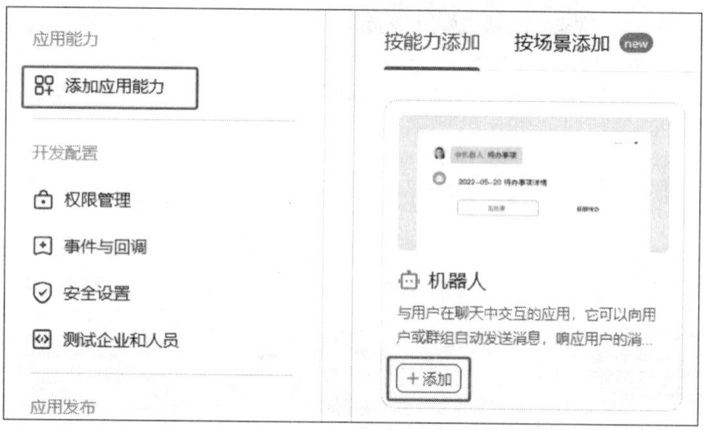

图 6-5　添加应用能力

权限配置是确保机器人正常工作的关键环节。在“权限管理”页面，需要开通必要的权限。点击“批量导入/导出权限”，在弹出窗口的“导入”标签页下输入以下JSON，点击“下一步，确认新增权限→申请开通”完成权限开通，以支持更丰富的功能（见图6-6至图6-8）。

```
{
  "scopes": {
    "tenant": [
      "aily:file:read",
```

```
      "aily:file:write",
      "application:application.app_message_stats.overview:readonly",
      "application:application:self_manage",
      "application:bot.menu:write",
      "cardkit:card:write",
      "contact:user.employee_id:readonly",
      "corehr:file:download",
      "docs:document.content:read",
      "event:ip_list",
      "im:chat",
      "im:chat.access_event.bot_p2p_chat:read",
      "im:chat.members:bot_access",
      "im:message",
      "im:message.group_at_msg:readonly",
      "im:message.group_msg",
      "im:message.p2p_msg:readonly",
      "im:message:readonly",
      "im:message:send_as_bot",
      "im:resource",
      "sheets:spreadsheet",
      "wiki:wiki:readonly"
    ],
    "user": [
      "aily:file:read",
      "aily:file:write",
      "im:chat.access_event.bot_p2p_chat:read"
    ]
  }
}
```

图 6-6　导入权限

图 6-7　开通权限

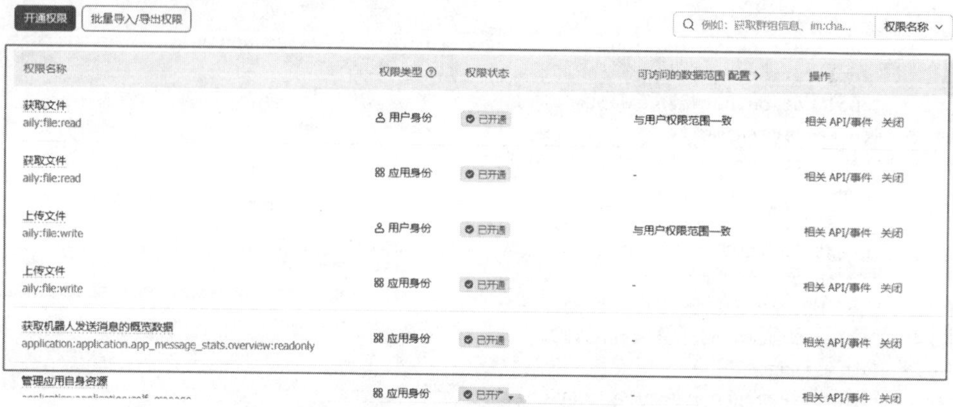

图 6-8　开通权限成功

事件订阅配置决定了机器人能够接收哪些类型的消息。在“事件与回调”页面，选择“使用长连接方式”作为订阅方式（见图6-9）。点击“添加事件”，需要添加im.message.receive_v1事件，这是接收消息的核心事件（见图6-10）。飞书会发送验证请求来确认配置的有效性，因此必须确保OpenClaw服务已启动，否则验证会失败。

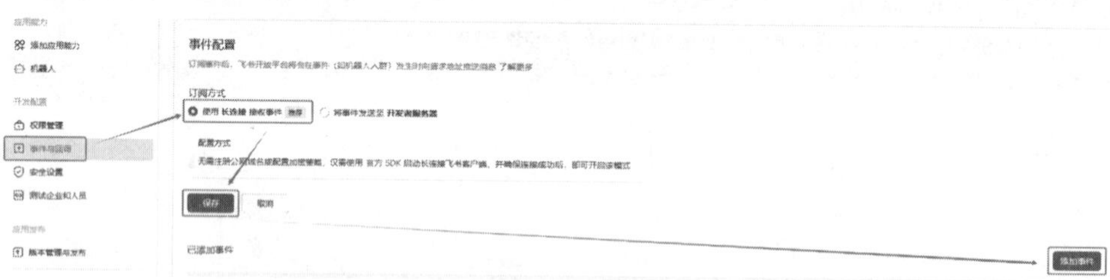

图 6-9　长连接配置

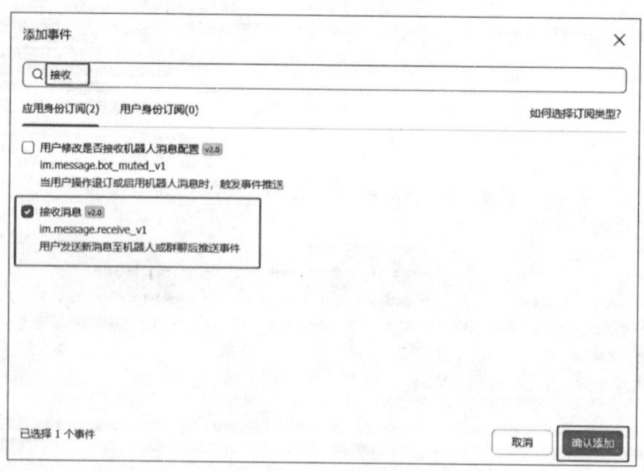

图 6-10　添加事件

完成所有配置后，创建版本并发布应用，否则配置不会生效。在“版本管理与发布”页面，点击“创建版本”按钮，填写版本号和更新说明，然后点击“保存”“确认发布”按钮。这个步骤是配置生效的必要条件（见图6-11）。

图6-11　版本发布

至此，飞书的配置已全部完成，机器人已创建、权限已授予、事件订阅已设置，飞书平台已经准备好迎接智能助手的接入。接下来需要在OpenClaw端完成飞书渠道的配置，将两者紧密连接起来。让信息能够在飞书与OpenClaw之间自由流通：用户在飞书中发送的消息能够准确传递给AI助手，而AI助手的回复也能顺畅地返回飞书聊天界面。配置完成后，团队便能在熟悉的飞书环境中，随时召唤这个AI协作伙伴。

6.1.2　安装插件并部署OpenClaw飞书渠道

完成飞书开放平台的配置后，需要在 OpenClaw 端安装飞书插件并配置渠道信息。OpenClaw 提供了多种配置方式，包括交互式命令、配置文件编辑和环境变量设置，用户可以根据实际需求选择合适的方法。

首先需要安装 OpenClaw 的飞书插件，该插件提供了与飞书 API 交互的全部功能。执行以下命令进行安装：

```
# 从 npm 安装
openclaw plugins install @openclaw/feishu

# 或从本地源码安装（适用于开发调试）
openclaw plugins install ./xxx/feishu
```

安装完成后，插件会自动注册到OpenClaw系统中，无须额外配置。OpenClaw支持三种配置方式，推荐使用交互式向导，操作最为简便。运行以下命令，根据提示输入凭据信息：

```
openclaw channels add
```

命令执行后会进入交互式界面（见图6-12），选择 Feishu 选项，然后按照提示粘贴在飞书开放平台获取的 App ID 和 App Secret。系统会自动验证凭据的有效性，验证通过后配置即刻生效。

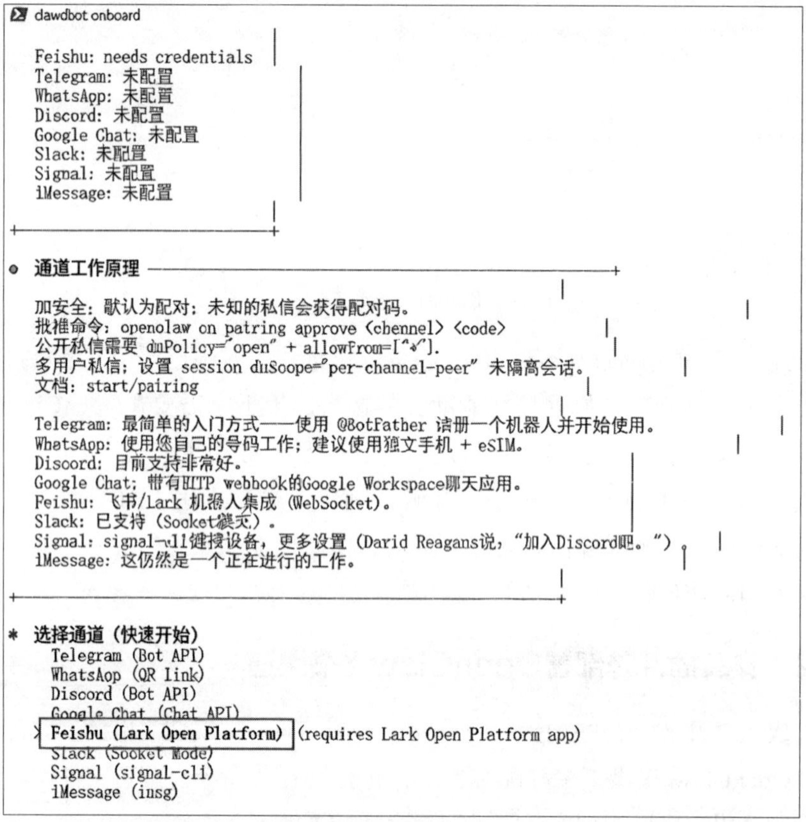

图6-12　部署飞书

如果需要更细粒度地控制或批量配置多个账号，可以直接编辑配置文件。打开 ~/.openclaw/openclaw.json，添加以下内容：

```
{
  "channels": {
    "feishu": {
      "enabled": true,
```

```
      "dmPolicy": "pairing",
      "accounts": {
        "main": {
          "appId": "cli_xxx",
          "appSecret": "xxx",
          "botName": "我的AI助手"
        }
      }
    }
  }
}
```

enabled控制渠道是否启用，dmPolicy设置为pairing表示需要配对验证，accounts支持配置多个飞书应用账号，botName用于在日志中标识机器人。

适用于容器化部署或自动化脚本场景，通过环境变量传入凭证，环境变量会在 OpenClaw 启动时自动读取，无须修改配置文件。

```
export FEISHU_APP_ID="cli_xxx"
export FEISHU_APP_SECRET="xxx"
```

配置完成后，重启OpenClaw服务使配置生效：

```
openclaw-cn gateway
```

打开飞书客户端，搜索刚创建的机器人名称，进入对话界面，发送任意消息。默认情况下，机器人会回复一个配对码（6 位数字），这是为了确保只有授权用户才能使用机器人。在终端执行以下命令批准配对：

```
openclaw-cn pairing approve feishu <配对码>
```

批准成功后，返回飞书对话窗口，发送简单的测试消息，如“介绍一下你自己”。如果一切配置正确，OpenClaw会回复消息，表明双向通信已成功建立（见图6-13）。

至此，OpenClaw与飞书的集成已全部完成。通过简单地设置，就能拥有一个随时在线的AI协作助手。我们为了让交互体验更加流畅自然，下一步可以开启用流式卡片输出功能，进一步提升用户体验。

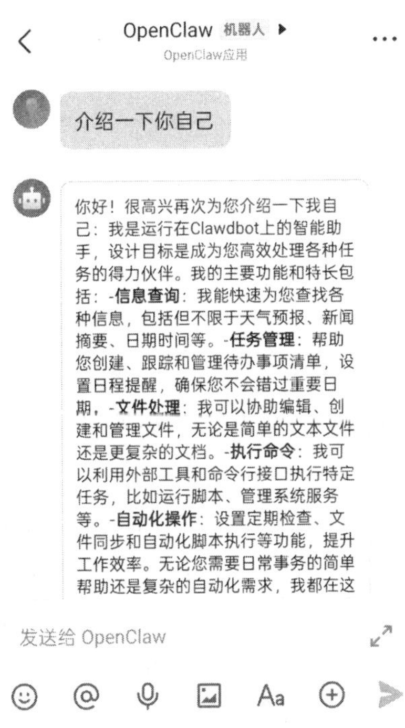

图 6-13　测试机器人部署

6.1.3 启用流式卡片实现实时消息输出

传统的消息回复方式是等待AI完全生成内容后一次性发送，这在处理长文本时会让用户等待较久。飞书支持通过CardKit实现流式输出，让机器人的回复像打字机一样逐字显示，用户可以实时看到内容生成过程，体验更加流畅自然。

OpenClaw 默认已启用流式输出功能。当机器人收到消息并开始生成回复时，会先向飞书发送一张空白卡片占位，然后通过WebSocket连接持续更新卡片内容。每当 AI 生成一段新文本，卡片会立即刷新显示，形成流式效果。整个过程对用户透明，无须用户进行任何额外操作。

流式输出适合以下场景：代码生成，用户可以边看边思考；长文本回复，避免长时间等待；实时翻译，逐句显示翻译结果；数据分析报告，逐步展示分析过程。

流式输出功能通过配置文件控制，相关参数位于飞书渠道配置中。编辑~/.openclaw/openclaw.json，在feishu配置块中添加并修改以下选项：

```
{
  "channels": {
    "feishu": {
      "streaming": true,
      "blockStreaming": true
    }
  }
}
```

streaming控制是否启用流式卡片输出，默认值为true，设为false则回退到传统的一次性发送模式。blockStreaming控制是否启用块级流式，默认值为true，启用后会以段落或代码块为单位更新，禁用则按字符流式更新，后者更流畅但网络开销稍大。

对于大多数场景，保持默认配置即可获得最佳体验。如果网络环境不稳定或需要减少 API调用次数，可以禁用blockStreaming，以牺牲部分流畅度来换取稳定性。

流式卡片功能依赖cardkit:card:write 权限，该权限在前文讲解的权限配置中已包含。如果之前未开通此权限，需要返回飞书开放平台的“权限管理”页面，手动添加该权限并重新发布应用版本。缺少此权限时，机器人会降级到普通消息模式，流式效果将不可用。

验证权限是否生效的方法：在飞书中向机器人发送一个需要较长回复的问题，如“写一篇关于人工智能发展的文章”，观察回复过程是否呈现打字机效果。如果内容逐步显示，说明流式输出正常工作；如果一次性显示全部内容，则需要检查权限配置和OpenClaw日志以排查问题。

通过流式卡片输出，飞书机器人的交互体验得到显著提升，用户不再需要面对漫长的等待，而是能够实时感知AI的思考过程。这种即时反馈机制不仅增强了产品的专业性，也让人机交互更加自然流畅。

6.2 实战：配置双机器人实现多场景应用

在实际业务中，企业往往需要部署多个机器人来满足不同的使用场景。比如，一个机器人用于日常办公协助，另一个机器人专门服务于特定项目或测试环境。接下来将通过一个真实案例，演示如何在OpenClaw中配置和管理多个飞书机器人。

需要部署两个飞书机器人，各自承担不同职责。机器人1（OpenClaw助手1）：面向全体员工，处理日常办公任务，如文档查询、日程管理、通用问答等。机器人2（OpenClaw助手2）：服务于特定项目组，用于技术支持、测试环境交互或敏感数据处理。这种架构的优势在于功能隔离、权限分离和资源独立管理，既能满足不同团队的差异化需求，又能避免单一机器人负载过高或权限混乱的问题。

登录飞书开放平台，按照前文所讲的方法分别创建两个企业自建应用。每个应用需要完成基础信息填写、机器人能力启用和权限配置。创建完成后，记录两个机器人的App ID和App Secret。

OpenClaw支持在单个配置文件中管理多个飞书账号。编辑配置文件~/.openclaw/openclaw.json，添加两个机器人的账号信息：

```
{
  "meta": {
    "lastTouchedVersion": "0.1.4",
     "lastTouchedAt": "20√-02-19T10:58:27.189Z"
  },
  "channels": {
    "feishu": {
      "enabled": true,
      "dmPolicy": "pairing",
      "accounts": {
        "bot1": {
          "appId": "cli_xxxxxxxxxxxxxxxx",
          "appSecret": "your-app-secret-1",
          "botName": "助手1",
          "enabled": true
```

```
        },
        "bot2": {
          "appId": "cli_yyyyyyyyyyyyyyyy",
          "appSecret": "your-app-secret-2",
          "botName": "助手2",
          "enabled": true
        }
      },
      "domain": "feishu",
      "groupPolicy": "open",
      "connectionMode": "websocket",
      "requireMention": true,
      "renderMode": "auto",
      "streaming": true,
      "blockStreaming": true,
      "replyToMode": "all"
    }
  },
  "gateway": {
    "port": 18789,
    "mode": "local",
    "bind": "lan",
    "auth": {
      "mode": "token",
      "token": "your-secure-random-token-here"
    }
  },
  "agents": {
    "defaults": {
      "model": {
        "primary": "your-model-provider/your-model"
      },
      "workspace": "/path/to/your/workspace",
      "compaction": {
        "mode": "safeguard"
      },
      "maxConcurrent": 4
    }
  },
  "plugins": {
    "entries": {
      "feishu": {
        "enabled": true
      }
    }
  }
}
```

accounts字段下可以添加任意数量的机器人账号，每个账号用唯一的key（如bot1、bot2）标识。botName用于在日志中区分不同机器人，建议设置易于识别的名称。enabled控制该账号是否启用，可以在不删除配置的情况下临时禁用某个机器人。将dmPolicy设为pairing表示需要配对验证，确保只有授权用户才能使用。

返回飞书开放平台，为两个应用分别配置必要的权限。使用前文讲到的JSON批量导入权限，确保两个机器人都具备消息收发、文件操作、卡片交互等核心能力（见图6-14）。权限配置完成后，需要为每个应用创建版本并发布，否则配置不会生效。

图 6-14　导入权限配置

在飞书开放平台的“事件与回调”页面，为两个应用分别配置事件订阅，选择使用长连接接收事件，添加事件im.message.receive_v1（见图6-15）。长连接方式无须配置Webhook URL，OpenClaw会自动通过WebSocket连接接收事件，简化了部署流程。

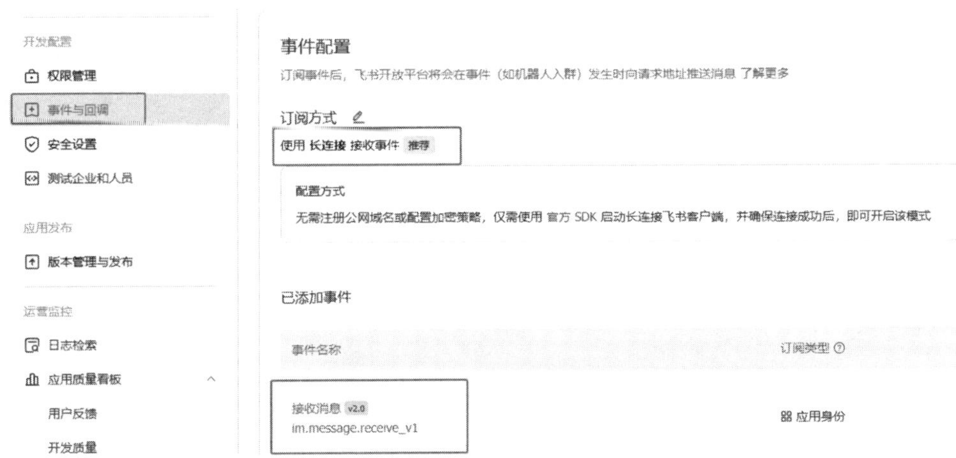

图 6-15　添加事件配置

OpenClaw 使用网关服务管理与飞书的长连接。执行以下命令重启网关：

```
openclaw-cn gateway
```

网关启动后会自动连接配置文件中启用的所有飞书账号，无须为每个机器人单独启动服务。打开飞书客户端，分别搜索并添加两个机器人。在对话框中向每个机器人发送任意消息，首次发送时机器人会回复一个6位数的配对码。在服务器或本地终端执行以下命令，查看并批准配对请求：

```
# 查看所有待批准的配对请求
openclaw-cn pairing list feishu

# 批准机器人1的配对请求
openclaw-cn pairing approve feishu 123456

# 批准机器人2的配对请求
openclaw-cn pairing approve feishu 789012
```

批准成功后，返回飞书对话窗口，再次发送消息即可正常使用机器人，说明双机器人配置成功。通过这种多账号配置方式，团队可以灵活管理不同场景下的机器人需求，既保证了功能的专业性，又实现了资源的合理分配。在实际应用中,还可以根据业务需要扩展到更多机器人，或为不同机器人配置差异化的AI模型和工作空间。

完成飞书集成后，OpenClaw智能体就真正成了团队中的“数字同事”，能够在飞书群聊、单聊中实时响应需求，处理各种办公任务。从简单的问答到复杂的自动化流程，从文本处理到多模态交互，飞书机器人可以成为企业办公中的智能伙伴。

第 7 章

企业微信集成：打造企业级智能助手

企业微信已经成为许多公司和组织日常沟通、办公协作中离不开的得力工具。无论是发通知、开会、审批，还是同事之间的工作交流，都离不开这个平台。如果把OpenClaw智能助手接入企业微信，就等于在团队的聊天窗口里安排了一位24小时在线的数字同事。员工不需要学习任何新软件，直接在熟悉的聊天界面里发消息，就能让助手帮忙查资料、整理数据、自动执行各种任务。

7.1 企业微信账号注册与准备

企业微信作为腾讯推出的企业级通信与办公平台，已经成为众多企业的数字化转型的重要工具。通过将企业微信部署到 OpenClaw 中，可以让 AI 助手无缝融入员工的日常工作流程，提升工作效率。在开始部署之前，首先需要完成企业微信账号的注册和基础配置。

对于首次使用企业微信的用户，需要前往企业微信官网完成企业注册。打开浏览器，访问企业微信官方网站，可以看到页面中央位置有醒目的“立即注册”按钮。点击该按钮即可进入注册流程的引导页面（见图 7-1）。

图 7-1 注册企业微信

进入注册页面后，首先完成企业基础信息的录入。企业名称是最重要的信息之一，这个名称将作为企业在微信生态系统中的官方标识。填写时需要使用企业的正式全称。企业名称会显示在员工通讯录、对外名片、客户联系等多个场景中，后续可通过认证更改。

接下来选择行业类型，企业微信提供了涵盖互联网、金融、教育、医疗、制造业、零售等数十个行业分类。企业规模的选择相对灵活，系统提供了多个人数区间选项，如1～50人、51～100人等。这个选项主要用于系统地了解企业的基本情况，不会对功能使用产生限制（见图7-2）。

完成企业信息填写后，设置管理员信息。这是注册流程中最关键的一步，因为管理员将拥有企业微信组织的最高管理权限。首先需要输入管理员的姓名和手机号码。手机号码必须真实有效，因为后续会用于接收验证码、安全提醒等重要信息。

管理员身份的绑定是通过微信扫码完成的。通过页面显示的二维码，使用个人微信扫描该二维码。扫码后，微信会提示是否同意成为该企业的管理员，点击确认后，个人微信账号就与企业微信管理员身份建立了关联（见图7-3）。这种设计的好处是将企业管理与个人微信账号绑定，管理员可以在个人微信中直接接收企业微信的通知，也可以快速切换到企业微信进行管理操作。

图 7-2　填写企业微信信息

图 7-3　绑定企业微信管理员

手机号验证是注册流程的最后一道安全关卡。系统会向用户填写的手机号发送一条包含验证码的短信，通常在60秒内即可收到。将收到的6位数字验证码输入到页面的验证码输入框中。如果长时间未收到验证码，可以点击“重新发送”按钮，但需要注意，每个手机号每天的验证码发送次数有限制，避免频繁操作。

最后点击“注册”按钮，系统会自动完成注册流程，并跳转到企业微信管理后台的首页。此时，一个全新的企业微信组织就创建成功了。页面会显示一些快速入门指引，包括如何邀请成员加入、如何体验协作工具、如何安装企业微信客户端等基础操作说明。

完成上述步骤后，企业微信账号已具备开发应用的资质，可以开始进行机器人的创建和集成工作。一个配置完善的企业微信组织不仅能够支持日常的沟通协作需求，更能为AI助手的部署提供稳定可靠的运行环境。在后续的使用过程中，管理员可以根据实际需求持续优化配置，添加更多应用，开通更多功能，让企业微信真正成为企业数字化办公的中枢平台。

7.2 实战：创建企业微信智能机器人

7.2.1 配置机器人基础信息与API模式

企业微信智能机器人作为一款基于人工智能技术的高效工具，正逐渐在企业运营中发挥着举足轻重的作用。它能够快速理解员工的问题，准确提供相关信息，还能协助完成各种重复性的工作任务，让员工从烦琐的事务中解脱出来。

有了企业微信账号的基础环境，现在可以开始真正的集成工作了。使用具有管理员权限的账号登录企业微信管理后台后，在左侧导航栏中找到机器人创建的入口，依次点击“安全与管理→管理工具→智能机器人”（见图7-4），进入机器人管理页面，点击“创建机器人”按钮即可开始配置新的机器人应用（见图7-5）。

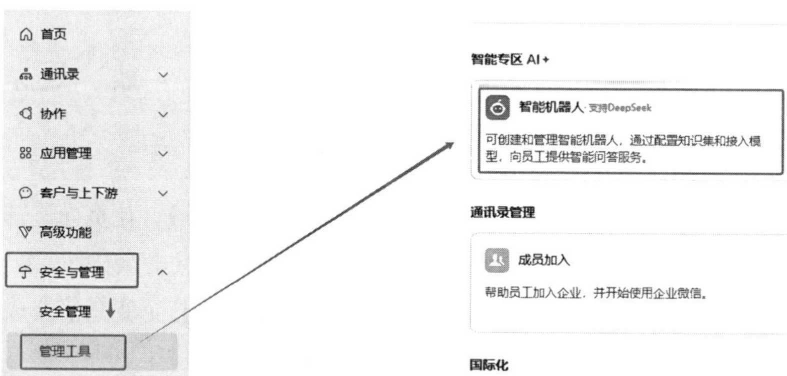

图 7-4 管理工具页面

图 7-5　创建机器人

进入机器人创建页面后，首先需要完善机器人的基本信息。在名称栏中可以填写“OpenClaw助手”或其他自定义名称，这个名称将显示在用户的对话列表中，建议使用简洁明了且能体现功能的名称。头像设置支持两种方式，既可以从中选择系统预设的图标更换，也可以上传自定义的图片作为机器人的头像。一个专业且有辨识度的头像能够提升用户对机器人的信任感。

简介部分用于向用户说明机器人的主要功能，可以填写“AI智能助手”或更详细的功能描述。这段简介会在用户首次接触机器人时展示，清晰的功能说明有助于用户快速了解机器人的用途。

可见范围设置非常重要，管理员需要在此选择允许使用该机器人的成员或部门。这个设置可以控制机器人的使用权限，确保只有授权人员才能与机器人进行交互。可以选择全公司可见，也可以仅对特定部门或成员开放，根据实际业务需求灵活配置（见图7-6）。

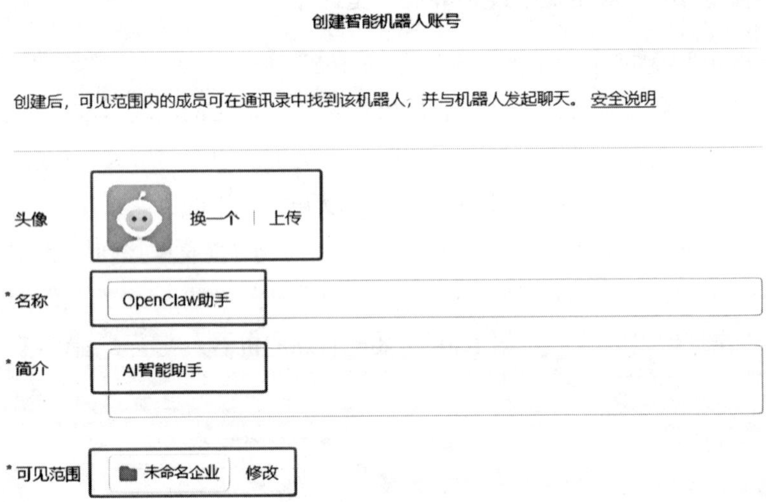

图 7-6　基本信息配置

完成基本信息配置后，需要将页面向下滚动至底部区域。在页面底部可以找到“API模式创建”按钮，用于启用机器人的API功能。点击该按钮后，机器人将支持通过API方式接收和发送消息，这是实现OpenClaw与企业微信集成的技术基础（见图7-7）。相比传统的手动配置方式，API模式提供了更强大的自动化能力和更灵活的消息处理机制。

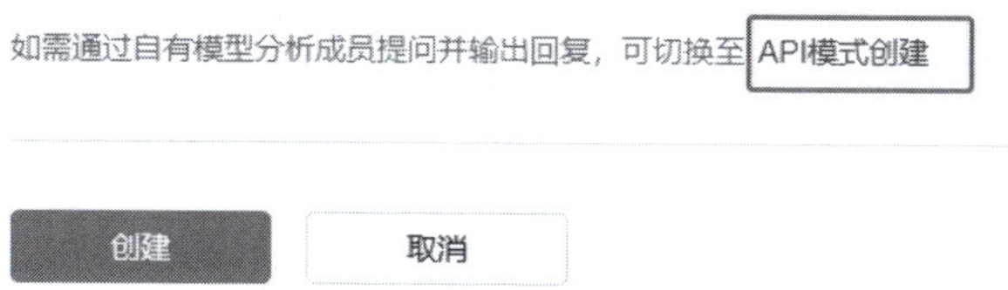

图 7-7　切换创建模式

在API配置页面中，可以看到Token和EncodingAESKey两个密钥字段（见图7-8）。点击“随机获取”按钮，系统将自动生成这两个加密通信所需的密钥。Token用于验证请求来源的合法性，每次企业微信向OpenClaw发送消息时都会携带这个Token进行身份验证。EncodingAESKey则用于消息内容的加密传输，确保通信过程中的数据安全。这两个密钥是企业微信与OpenClaw进行安全通信的核心凭证，务必妥善保存，不要泄露给未授权人员。

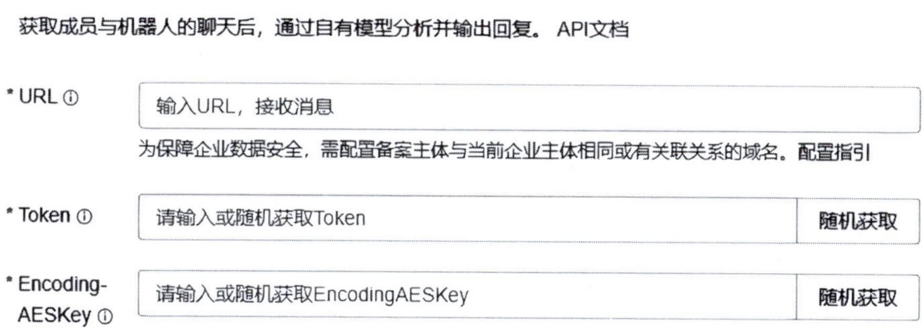

图 7-8　API 配置

接下来需要配置回调URL地址，这是企业微信向OpenClaw推送消息的目标地址。如果企业微信账号已完成企业认证，配置URL时必须使用已备案的域名。该域名的备案主体需要与企业微信认证企业保持一致或存在关联关系，否则系统会提示“域名主体校验未通过，需配置备案主体与当前企业主体相同或有关联关系的域名”的错误信息。这是企业微信为了确保企业信息安全而设置的强制性要求。

假设已经拥有一个满足企业微信要求的已备案域名，并且该域名已经通过DNS解析指向部署OpenClaw的服务器的公网IP地址，则可以按照以下格式配置URL。配置时需要特别注意几个关键点。首先，URL必须使用https协议，而非http协议。其次，域名和端口号之间的冒号必须使用英文半角符号，而不是中文全角符号。

```
http://您的域名:18789/wecom/bot
```

配置时需要特别注意几个关键点。首先，URL必须使用http协议，而非https协议。其次，域名和端口号之间的冒号必须使用英文半角符号，而不是中文全角符号。端口号默认为18789，如果在OpenClaw配置中修改了端口号，这里也需要相应调整。最后，路径部分固定为/wecom/bot，这是企业微信插件预定义的消息接收路径。

将配置好的URL填入企业微信管理页面的URL输入框中，同时确保Token和EncodingAESKey已经正确填写。完成这些配置后，暂时不要点击"保存"按钮，因为还需要先完成OpenClaw端的配置，确保服务已经启动并能够正确响应企业微信的验证请求。

完成机器人基础信息和API模式的配置后，企业微信端的准备工作就基本就绪了。我们已经创建了一个具有API能力的智能机器人，生成了安全通信所需的密钥，并配置了消息回调的URL。这些配置信息将在下一步的OpenClaw集成中发挥作用。

7.2.2 安装OpenClaw插件并完成集成配置

完成了企业微信后台的配置后，接下来需要在OpenClaw服务端进行相应的插件安装和参数设置。这个环节是整个集成流程的核心技术实现部分，需要准确配置各项参数，确保OpenClaw能够正确接收和处理企业微信推送的消息。

在服务器或本地开发环境的终端中，需要先安装企业微信插件。如果使用的是WSL（Windows Subsystem for Linux）环境，打开WSL终端；如果是直接在Linux服务器上操作，则通过SSH连接到服务器。执行以下命令安装企业微信插件：

```
Openclaw-cn plugins install @sunnoy/wecom
```

命令执行后，系统会自动从插件仓库下载并安装企业微信集成插件。安装过程可能需要几秒到几十秒，这取决于网络速度。

插件安装完成后，需要编辑OpenClaw的配置文件来启用企业微信功能。使用文本编辑器打开配置文件，配置文件通常位于用户主目录下的.openclaw文件夹中，路径为~/.openclaw/openclaw.json。可以使用vim、nano等命令行编辑器，也可以使用VSCode等图形界面编辑器打开该文件。

在配置文件的JSON结构中，需要添加企业微信的配置项。找到合适的位置（通常在channels配置节点中），添加以下配置内容：

```
"wecom": {
  "enabled": true,
  "token": "Token",
  "encodingAesKey": "EncodingAESKey",
  "webhookPath": "/webhooks/wecom",
  "adminUsers": [
    "user001"
  ],
  "commands": {
    "enabled": true,
    "allowlist": [
      "/new",
      "/status",
      "/help",
      "/compact"
    ]
  }
}
```

配置项的详细说明如下。enabled字段设置为true表示启用企业微信功能，如果临时需要禁用该功能，可以将其改为false而不必删除整个配置。token字段需要填入在企业微信内生成的Token值，这个值用于验证消息来源的合法性。encodingAesKey字段填入企业微信内生成的EncodingAESKey值，用于消息内容的加密和解密。

webhookPath字段指定了Webhook回调的路径，保持默认值/webhooks/wecom即可，这个路径与前面配置的URL路径对应。adminUsers数组用于指定管理员用户ID列表，这里的user001需要替换为实际的企业微信用户ID。管理员用户拥有更高的权限，可以执行一些普通用户无法执行的命令。

commands配置节点用于设置命令功能。enabled设置为true表示启用命令功能，用户可以通过特定的命令与机器人进行交互。allowlist数组定义了允许使用的命令列表，包括/new（创建新会话）、/status（查看状态）、/help（获取帮助）、/compact（压缩会话）等命令。用户可以根据实际需求添加或删除命令。

保存配置文件后，需要重启OpenClaw服务使配置生效，可以使用以下命令重启：

```
openclaw-cn gateway
```

现在返回企业微信管理后台，在之前的机器人配置页面中，确认URL、Token、EncodingAESKey都已正确填写，然后点击“保存”按钮。企业微信会向配置的URL发送一个验证请求，OpenClaw接收到请求后会进行解密和验证，然后返回验证结果。如果一切配置正确，页面会提示保存成功，机器人创建完成。

配置完成后，可以立即进行功能测试。在企业微信客户端中，找到刚刚创建的机器人，点击进入对话界面。发送一条测试消息，例如"你好"，观察机器人的响应（见图7-9）。如果配置正确，机器人会回复消息。从服务器日志中可以看到类似WeCom plugin registering...、WeCom channel registered、WeCom HTTP handler registered等信息。

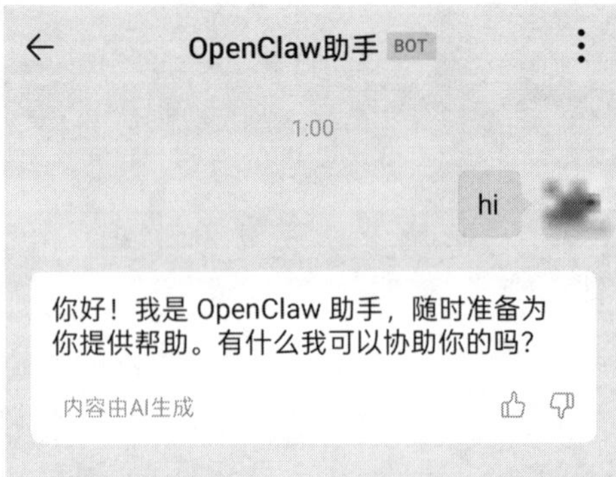

图 7-9　测试机器人

成功接收并响应消息后，企业微信机器人就可以正式投入使用了。用户可以通过自然语言与机器人进行交互，机器人会通过OpenClaw提供智能问答服务，帮助员工解决工作中遇到的各种问题，真正实现AI赋能企业办公的目标。

通过以上的实战操作，我们成功将OpenClaw集成到企业微信中，创建了一个功能完整的AI智能助手。从插件安装到配置调试，从验证测试到正式使用，每一个步骤都体现了企业级应用集成的严谨性和专业性。现在，企业员工可以随时随地在企业微信中与AI助手对话，获取智能化的工作支持。这不仅提升了工作效率，更标志着企业数字化转型迈出了重要一步。

完成企业微信与OpenClaw的部署后，团队拥有了一位真正融入日常工作的智能助手。它不像一个需要专门打开的外挂工具，而是静静地待在聊天列表里，随时响应召唤。无论是新员工入职时解答制度疑问，还是业务高峰期自动整理数据报表，这些原本需要人工处理的琐碎工作，现在都可以交给这位数字同事。企业微信里多出的不仅是一个机器人账号，更是一套可以持续复用的自动化能力。

第 8 章

QQ 机器人集成：构建智能社交助手

QQ作为国内最具影响力的即时通信平台之一，拥有庞大的用户基础和活跃的社交生态。将AI能力集成到QQ平台，不仅能够触达海量用户群体，更能够在群聊、频道等多种社交场景中发挥智能助手的价值。接下来将系统介绍如何在QQ平台上创建和部署智能机器人，让OpenClaw的AI能力在QQ平台上充分发挥，为用户提供便捷、智能的交互体验。

8.1 QQ开放平台账号注册与准备

开发QQ机器人前需了解平台优势并完成注册。QQ开放平台提供了丰富的接口和文档支持，是连接用户与QQ生态的重要桥梁。平台优势包括庞大的用户基础、成熟的社交生态、开放的技术能力和友好的开发政策。QQ拥有数亿覆盖各年龄层的用户，地域分布广，用户黏性强。QQ群作为活跃的社交场景，高频互动为机器人提供了丰富的应用空间，使用户易于接受机器人服务。

完成QQ开放平台的账号注册是开始机器人开发的第一步，这个过程需要特别注意的是，QQ开放平台采用独立的账号体系，而不是直接使用个人QQ号登录。许多用户在初次接触时容易混淆这一点，导致在注册流程上出现困扰。

访问QQ开放平台的官方网站是注册的起点。在浏览器中访问QQ开放平台的官方入口，在页面中可以看到“登录”和“立即注册”两个按钮，初次使用的用户需要点击“立即注册”按钮开始创建账号（见图8-1）。

点击“立即注册”按钮后，系统会自动跳转到账号注册页面。在这里首先需要填写邮箱地址，完成账号的创建，后续可以使用该邮箱登录系统。建议使用公共邮箱或企业邮箱进行注册，方便团队成员协作和管理。填写完信息并点击注册按钮后，账号创建成功（见图8-2）。随后返回登录页面，使用刚注册的邮箱和设置的密码登录，即可进入系统开始使用。

图 8-1　QQ 开放平台官网

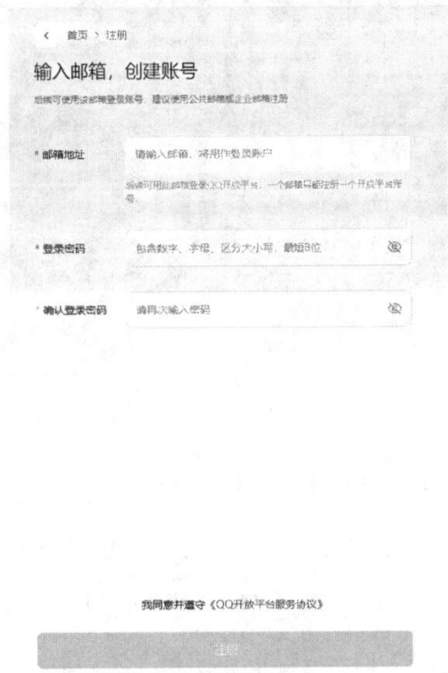

图 8-2　注册账号

提交注册后，系统将进入超级管理员设置环节。超级管理员拥有该账号的最高管理权限，同时可绑定 QQ，后续可直接使用 QQ 登录。接下来需要填写实名认证信息，其中姓名、身份证号码、手机号为必填项。手机号将用于接收验证码及后续安全验证。输入手机号后，点击“获取验证码”按钮，系统会向该手机号发送一条包含 6 位数字验证码的短信，将收到的验证码填入对应输入框即可完成验证（见图 8-3）。

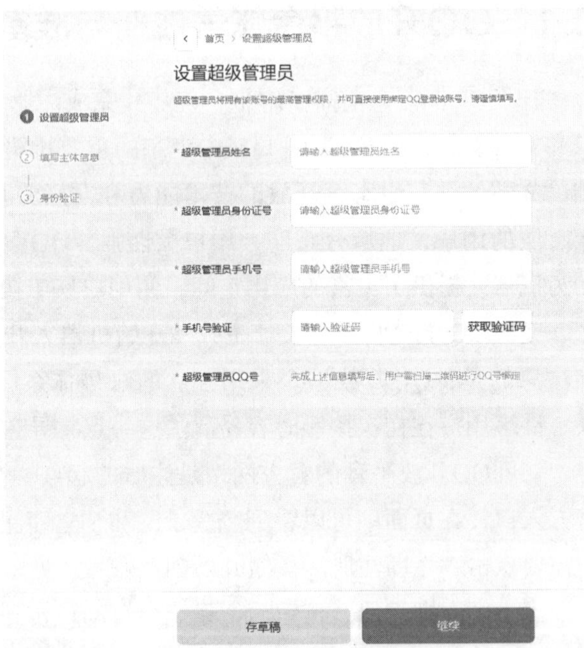

图 8-3　超级管理员设置

完成基本信息填写后，系统会要求进行身份验证，超级管理员的QQ号下方会出现一个二维码，使用手机QQ进行扫码确认，目的是将开放平台账号与实名的QQ号进行关联，确保账号归属的真实性。打开手机QQ，点击右上角的“扫一扫”功能，扫描网页上显示的二维码。手机端会弹出确认提示，显示即将绑定的账号信息和权限说明，仔细阅读后点击同意（见图8-4和图8-5）。这个QQ号将成为该开放平台账号的超级管理员，拥有最高的管理权限。需要注意的是，用于扫码验证的QQ号必须是已实名认证的账号，未实名认证的QQ号无法完成验证流程。

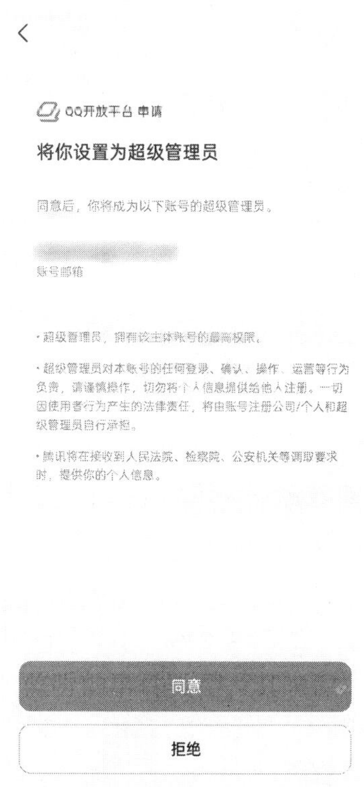

图 8-4　身份验证

图 8-5　授权认证

接下来需要选择主体类型并填写相应的认证信息。页面提供了三种主体类型选项：企业、个体户和个人。不同的主体类型决定了账号的功能范围和部分高级权限。对于个人用户或小规模使用场景，一般来说选择“个人”类型就足够了。选定后，需要填写一些基本信息：姓名和身份证号用于实名认证，手机号则用来接收验证码和后续通知（见图8-6）。所有信息填写完成并确认无误后，可以选择点击底部的“存草稿”按钮临时保存信息，或者直接点击“继续”按钮进入下一步验证流程。

图 8-6　填写主体信息

填完基础信息后，还需要完成身份验证，系统默认采用的是人脸验证方式。只需用手机扫描屏幕上的二维码，按照提示完成人脸识别即可，整个过程简单快捷（见图8-7和图8-8）。

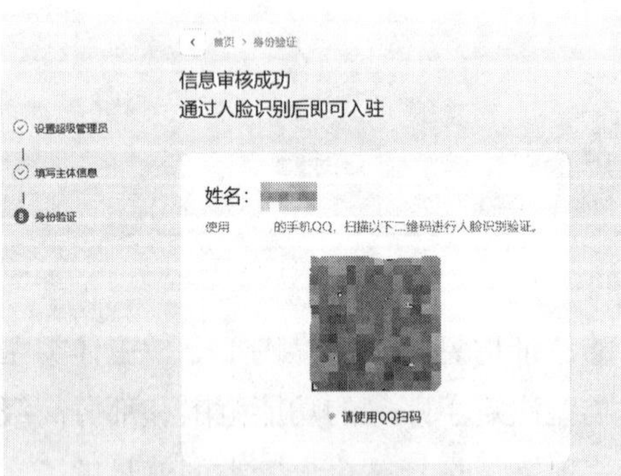

图 8-7　进行身份验证

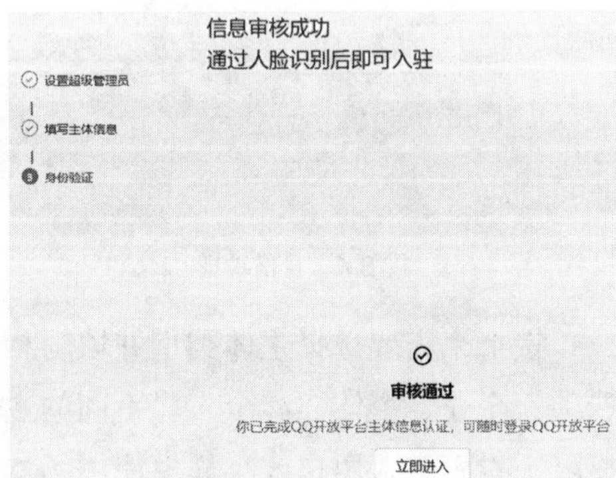

图 8-8　完成信息认证

扫码验证成功后，页面会自动跳转到开放平台的主控制台。此时，用户账号已经创建完成，可以开始进行机器人的创建和管理工作了。后续登录开放平台时，可以选择多种方式。可以使用注册时设置的手机号或邮箱及密码的方式登录，也可以使用绑定的超级管理员QQ号扫码快速登录。扫码登录的方式更加便捷，无须输入密码，只需在手机QQ中确认即可完成登录。

通过以上步骤，完成了QQ开发平台账号注册的完整流程。QQ平台庞大的用户基础、活跃的社交生态、开放的技术能力和免费的使用政策，为机器人应用提供了发展环境。正确的账号注册流程是开启开发之旅的第一步，掌握注册要点、完善账号信息将为后续的开发工作奠定坚实基础。接下来，将进入实战环节，开始创建真正的QQ机器人应用。

8.2　实战：QQ机器人创建与OpenClaw集成

8.2.1　配置机器人基础信息与沙箱环境

完成了账号注册和平台准备工作后，现在可以正式开始QQ机器人的创建和部署了。接下来将完成从机器人创建到环境配置，再到OpenClaw插件集成的全过程，搭建起一个功能完整的QQ智能助手。

使用已注册的开放平台账号登录后，进入机器人管理的核心环节。这个阶段需要创建机器人应用，配置基础信息，获取开发凭证，并设置测试环境。QQ开放平台为用户提供了沙箱机制，允许用户在正式发布前进行充分的测试和验证，以确保机器人功能的稳定性和可用性。

登录开放平台后，在控制台首页可以看到各种功能模块的入口。在顶部导航栏中找到“机器人”标签，点击进入机器人管理页面。如果是首次使用，直接点击“创建机器人”按钮，系统跳转到机器人创建页面（见图8-9）。对于已经创建过机器人的账号，页面会列出所有已创建的机器人，包括机器人名称、状态、ID等信息，可以点击具体的机器人进入详情页面进行管理。

图 8-9　创建机器人

第一步是填写基础信息。机器人名称是用户

看到的第一印象，应当简洁明了且能够体现功能特点。可以命名为“OpenClaw助手”，建议使用易于记忆和识别的名称。然后上传一张自定义图片作为机器人头像，图片格式必须为png、bmp、jpeg或jpg。头像应当具有较高的辨识度，使用清晰的图标或Logo能够让用户快速识别机器人身份（见图8-10）。

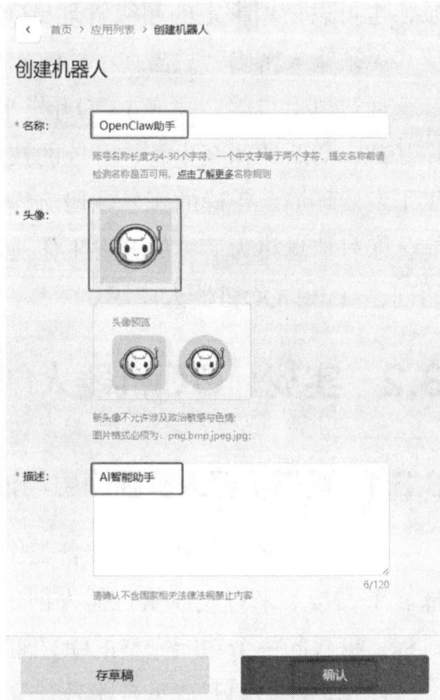

图 8-10　设置机器人基本信息

添加机器人描述，用于向用户说明机器人的主要功能和用途。这段描述会在用户添加机器人或查看机器人资料时展示，是用户了解机器人能力的重要窗口。简介长度限制在120字以内，需要用简洁的语言突出核心功能。

完成基础信息填写后，点击“确认”按钮，核对机器人信息后提交创建。系统会对提交的信息进行审核，审核通过后可以开始进行后续的配置工作。如果审核未通过，系统会给出具体的原因提示，我们需要根据提示修改相应的内容后重新提交。常见的审核失败原因包括名称包含敏感词汇、头像不清晰或含有广告信息、简介表述不当等（见图8-11）。

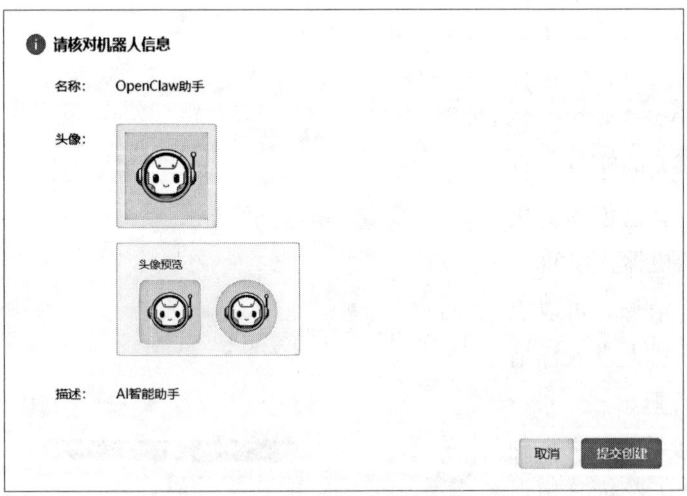

图 8-11　核对机器人信息

机器人创建成功后，返回QQ开放平台首页，在顶部导航栏找到并点击“机器人”标签，进入机器人管理列表页。刚刚创建的机器人会显示在列表中，名称、头像、AppID等基础信息一目了然，点击该机器人卡片即可进入其详情管理页面（见图8-12）。在这里可以进行后续操作，所有与机器人相关的管理工作都将在这个页面完成。

图 8-12　进入机器人管理页面

机器人详情管理页面集中了机器人的所有配置选项和管理功能，是后续工作的中心枢纽。页面分为多个标签页或模块，包括管理、数据、开发等。点击“管理→开发管理”，进入配置页面。这是整个配置流程中最关键的环节，包含机器人与外部服务通信所需的全部凭证信息。页面顶部会展示两个重要的参数：AppID（机器人ID）和AppSecret（机器人密钥）。AppID是机器人在平台中的唯一标识符，是一串数字组合，每个机器人的AppID都不相同。这个ID在调用API时用于标识请求来自哪个机器人应用。AppSecret是用于API调用鉴权的密钥，相当于机器人的密码，必须严格保密（见图8-13）。

获取AppSecret需要特别注意安全性。出于安全考虑，平台不会明文显示完整的Secret，首次查看时需要点击“生成”按钮，系统会生成一个随机的密钥字符串。这个密钥只会显示一次，必须复制并妥善保存。如果忘记或丢失了密钥，需要重新生成，但重新生成会使旧密钥失效，所有使用旧密钥的服务都需要更新配置。建议将AppID和AppSecret保存在安全的地方，比如密码管理工具、加密的文档或团队的安全配置管理系统中。绝对不要将这些凭证信息提交到公开的代码仓库或分享给无关人员。

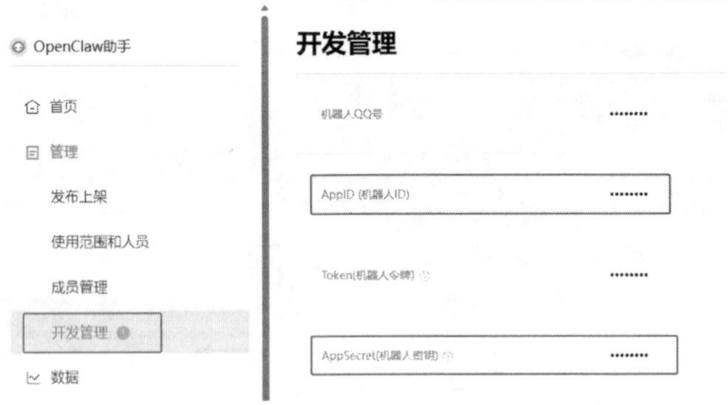

图 8-13　开发管理页面

完成凭证获取后，接下来需要配置沙箱环境。点击“开发→沙箱配置”选项，这个功能允许用户在不正式发布机器人的情况下进行功能测试。沙箱环境提供了与正式环境几乎完全相同的功能，但限制了使用范围，只有被授权的用户或群组才能与机器人交互。这种机制适合开发阶段的测试验证，可以在小范围内充分测试功能，发现并解决问题，确保质量后再考虑正式发布。

在沙箱配置中进行两种主要使用场景的配置：单独聊天和群聊。单独聊天场景适用于一对一的测试，适合验证基础的问答功能、命令响应等。群聊场景则模拟了机器人在群组中的工作模式，可以测试群消息接收功能等。

首先配置单独聊天的场景。在沙箱配置页面的“消息列表配置”处，点击“添加成员”按钮，可以通过输入QQ号或从联系人列表中选择的方式添加测试用户（见图8-14和图8-15）。添加成功后，列表中会显示已添加的用户信息，包括头像、昵称等。需要注意的是，仅仅添加成员还不够，还需要让这些用户通过QQ扫码的方式主动添加机器人（见图8-16）。

图 8-14　添加成员

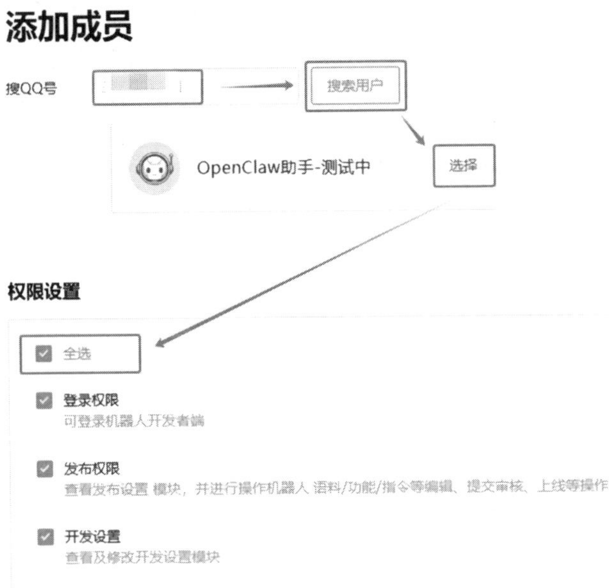

图 8-15　成员权限设置

图 8-16　添加机器人

添加机器人的流程需要在手机QQ端完成。打开手机QQ，点击右上角的加号或扫一扫功能，扫描页面上显示的二维码（见图8-17）。扫描后，QQ会识别这是一个机器人添加请求，弹出确认界面，显示机器人的名称、头像和简介信息（见图8-18）。用户确认添加后，机器人会出现在该用户的消息列表中，双方就可以进行一对一的聊天交互了。此时，用户发送的所有消息都会被推送到配置的服务端，机器人可以接收、处理并返回响应。

图 8-17　扫码添加机器人

配置群聊场景的流程略有不同。在沙箱配置页面的“QQ群配置”处，系统会列出与当前账号关联的QQ群。这个列表包含了超级管理员QQ号所加入的群。从下拉菜单中选择希望添加机器人的目标群（见图8-19）。然后在群设置内，点击“群机器人→其他”，可以看见该机器人，点击“添加”就可以接收群内的消息并进行响应（见图8-20）。

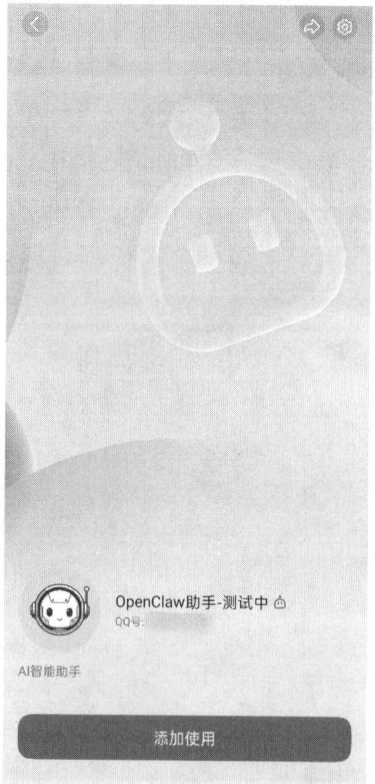

图 8-18　添加使用机器人

图 8-20　添加群机器人

图 8-19　QQ 群配置

沙箱环境配置完成后，还需要进行一项重要的安全设置：配置服务器IP白名单。这是QQ开放平台为了保护机器人安全而设置的强制要求，只有来自白名单中的IP地址的请求才会被平台接收和处理。在开发管理页面找到“IP白名单”模块（见图8-21）。

图8-21　配置IP白名单

配置IP白名单首先需要获取服务器的公网IP地址。如果OpenClaw部署在云服务器上，公网IP地址通常可以在云服务提供商的控制台中查看。也可以直接在服务器上通过命令行获取。打开终端，执行以下命令：

```
curl -s ipinfo.io/ip
```

这个命令会向ipinfo.io服务发送请求，返回当前服务器的公网IP地址。命令执行后，终端会输出一个IP地址，类似'203.0.113.5'这样的格式。

这就是需要添加到白名单中的IP地址，将刚才获取的公网IP地址填入输入框中。

至此，机器人的基础配置和沙箱环境设置就全部完成了。我们已经成功创建了一个具有完整身份信息的QQ机器人，获取了必要的开发凭证，配置了测试环境，并设置了安全的IP访问控制。这些准备工作为接下来的OpenClaw的集成奠定了坚实基础。下一步将转向服务器端，完成插件的部署和配置，让机器人真正活跃起来。

8.2.2　部署QQ插件并完成集成对接

完成了QQ开放平台侧的配置后，现在需要在OpenClaw服务端进行相应的插件部署和参数设置。这个环节是整个集成方案的技术核心，涉及源码获取、依赖安装、插件启用、参数配置等多个步骤。

OpenClaw的QQ机器人功能通过插件化的方式实现，这种设计使得核心系统保持轻量和灵活，用户可以根据需求选择安装不同的渠道插件。QQ插件的源码托管在GitHub平台上，采用开源的方式提供给用户使用。插件基于Node.js开发，遵循OpenClaw的插件规范，提供了消息接收、消息解析、响应发送等完整的功能模块。

获取插件源码的第一步是克隆GitHub仓库。如果将OpenClaw部署在Linux服务器上，需要先通过SSH连接到服务器。使用终端工具连接到服务器，输入服务器IP地址、端口号、用户名和密码完成登录。如果使用的是云服务器，这些连接信息通常可以在云服务提供商的控制台中找到。

登录服务器后，需要导航到OpenClaw的安装目录。OpenClaw的插件通常安装在Node.js模块目录下的特定路径中。默认情况下，这个路径是~/node_modules/openclaw/extensions：

```
git clone https://github.com/sliverp/qqbot.git
```

命令执行后，Git会从GitHub下载插件的所有源代码文件和配置文件，并创建一个名为qqbot的新目录。如果执行克隆命令时遇到网络问题，提示无法连接到GitHub或下载速度极慢时，可以采用备选方案。一种方式是使用浏览器直接访问，在页面上找到“Code”按钮，点击后选择“Download ZIP”选项，将代码包下载到本地（见图8-22）。下载完成后，将ZIP文件解压放到上述路径中。

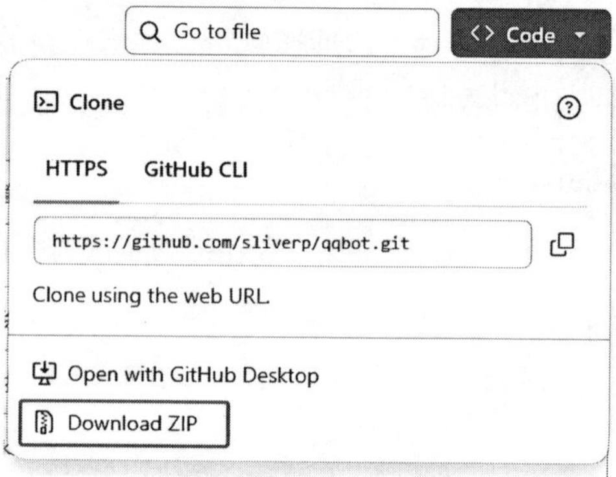

图 8-22　下载 qqbot 插件

安装插件依赖需使用npm命令。确保当前目录是qqbot插件目录，然后执行：

```
npm install
```

这个命令会读取package.json文件中的依赖声明，自动从npm仓库下载并安装所有需要的包。在安装过程中，终端会显示下载进度和安装日志，包括正在安装的包名称、版本号等信息。根据依赖数量和网络状况，这个过程可能需要几十秒到几分钟不等（见图8-23）。

```
PS C:\[illegible]\node_modules\openclaw-cn\extensions\qqbot> npm install
npm warn Unknown user config "sass_binary_site". This will stop working in the next major version of npm.
npm warn Unknown user config ""sass_binary_site". This will stop working in the next major version of npm.
npm warn deprecated npmlog@6.0.2: This package is no longer supported.
npm warn deprecated are-we-there-yet@3.0.1: This package is no longer supported.
npm warn deprecated gauge@4.0.4: This package is no longer supported.
npm warn deprecated tar@6.2.1: Old versions of tar are not supported, and contain widely publicized security vulnerabili
ties, which have been fixed in the current version. Please update. Support for old versions may be purchased (at exhorbi
tant rates) by contacting i@izs.me
npm warn deprecated node-domexception@1.0.0: Use your platform's native DOMException instead
npm warn deprecated tar@7.5.4: Old versions of tar are not supported, and contain widely publicized security vulnerabili
ties, which have been fixed in the current version. Please update. Support for old versions may be purchased (at exhorbi
tant rates) by contacting i@izs.me

added 528 packages in 2m

90 packages are looking for funding
  run `npm fund` for details
```

图 8-23　下载依赖

依赖项安装完成后，需要验证插件是否被OpenClaw正确识别。返回到OpenClaw的主目录（通常是包含openclaw-cn可执行文件的目录），执行插件列表命令：

```
openclaw-cn plugins list
```

这个命令会扫描extensions目录，列出所有已安装的插件及其状态。在输出列表中应该能看到qqbot插件的条目，显示插件的ID、名称、版本等信息。插件状态可能显示为“loaded”（已启用）或“disabled”（已禁用）。如果显示为disabled，需要手动启用插件：

```
openclaw-cn plugins enable qqbot
```

命令中的qqbot是插件的ID，需要与插件目录名称一致。执行启用命令后，OpenClaw会加载插件的配置并注册相关的功能模块。终端会显示启用成功的提示信息。再次执行openclaw-cn plugins list命令，能看到qqbot的状态已更新为loaded（见图8-24）。

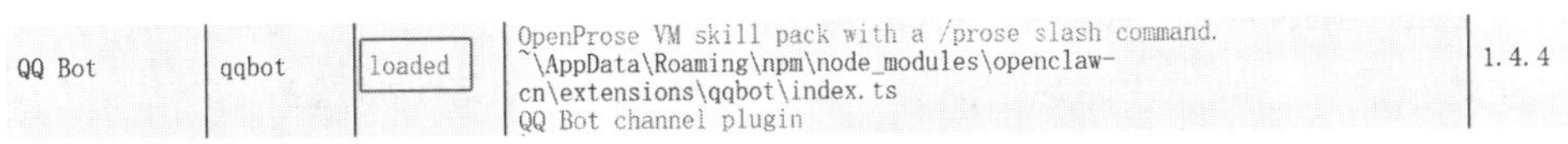

QQ Bot	qqbot	loaded	OpenProse VM skill pack with a /prose slash command. ~\AppData\Roaming\npm\node_modules\openclaw-cn\extensions\qqbot\index.ts QQ Bot channel plugin	1.4.4

图 8-24　启用插件

插件启用后，下一步是配置机器人的凭证信息。OpenClaw提供了两种配置方式：命令行配置和配置文件编辑。命令行配置方式更加简便，适合快速设置。

```
openclaw-cn config set channels.qqbot.appId "机器人ID"
openclaw-cn config set channels.qqbot.clientSecret "机器人密钥"
openclaw-cn config set channels.qqbot.enabled true
```

这三条命令分别设置了机器人的AppID、AppSecret和启用状态。命令中的引号内容需要替换为前面在QQ开放平台获取的实际值。AppID是一串数字，clientSecret是字母和数字混合的长字符串。最后一条命令将enabled设置为true，表示启用QQ渠道。执行config set命令时，OpenClaw会自动更新配置文件，无须手动编辑。每条命令执行后都会显示确认信息，提示配置项已成功更新。

配置文件编辑方式提供了更直观的配置体验，适合需要精细调整多个参数的场景。OpenClaw的主配置文件通常位于用户主目录下.openclaw文件夹中，完整路径是~/.openclaw/openclaw.json。打开配置文件后，可以看到JSON格式的配置结构。文件通常包含多个配置节点，如models（模型配置）、channels（渠道配置）、gateway（网关配置）等。找到channels节点，如果不存在则需要手动添加。在channels节点中添加或修改qqbot配置：

```
{
  "channels": {
    "qqbot": {
      "enabled": true,
      "appId": "机器人ID",
      "clientSecret": "机器人密钥"
    }
  }
}
```

配置完成后，需要重启OpenClaw网关服务使配置生效。

```
openclaw-cn gateway
```

现在可以进行功能测试了。使用之前在沙箱环境中配置的测试账号，打开手机QQ或电脑QQ客户端，找到机器人对话框或进入配置的测试群组。发送一条简单的测试信息。例如“你好”，如果一切配置正确，机器人会给出响应（见图8-25）。

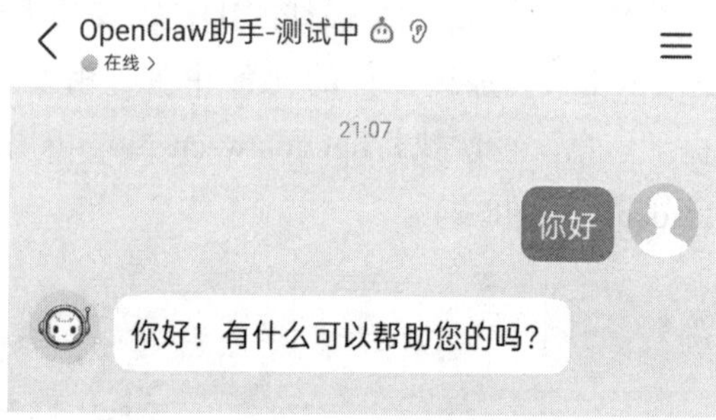

图 8-25　测试机器人

当机器人在沙箱环境中测试稳定后，如果希望扩大使用范围，可以在QQ开放平台申请正式发布。发布流程包括提交应用审核，等待平台审批，通过后机器人即可面向更广泛的用户开放。正式发布的机器人需要遵守平台的运营规范，确保服务质量和用户体验，避免违规内容和行为。

通过以上的实战操作，已经完整地实现了QQ机器人与OpenClaw的集成对接。从机器人创建到环境配置，从插件部署到功能测试，每个步骤都得到了详细的说明和指导。现在，一个功能完整、响应及时的QQ智能助手已经部署完成，可以为QQ用户提供AI驱动的智能服务。无论是知识问答、信息查询还是创意生成，机器人都能够给出准确、有价值的回复，真正实现了AI技术在社交场景中的落地应用。

我们全面讲解了QQ机器人的创建、配置和部署流程，从理论到实践，从准备到上线，涵盖了集成工作的方方面面。QQ平台巨大的用户基础和活跃的社交生态为AI应用提供了广阔的舞台，OpenClaw与QQ的集成让智能助手能够触达更多用户，在更多场景中发挥价值。

第4篇

部署与迭代，让 Agent 稳定运行

第 9 章

效果评估与持续迭代

在AI的实际应用中，评估工作效果并持续优化迭代是确保系统长期稳定运行和价值最大化的关键环节。随着OpenClaw等自主智能体框架的快速发展，如何科学评估Agent的“工作表现”已成为用户和企业共同关注的焦点。评估不仅需要关注最终结果，还需要深入分析执行过程、效率和用户体验等多个维度。接下来将系统地探讨Agent评估的方法论、核心指标和实践策略，帮助读者构建完整的评估体系，实现智能体的持续优化和业务价值的最大化。

9.1 如何评估Agent干得好不好?

评估AI智能体需从技术、业务、用户体验多维度考量。传统评估难以适应自主智能体的发展，OpenClaw框架将大语言模型与系统服务结合，推动AI从对话转向实干。评估体系应关注任务完成率、用户满意度和耗时三大核心指标。任务完成率体现执行能力，用户满意度反映服务质量，耗时衡量效率。用户满意度涉及交互质量和响应速度，耗时包括任务处理时间和交互轮数，越少越好。评估需结合技术防范、业务检验、伦理合规及迭代优化，同时关注本地运行与多通道稳定性（见图9-1）。

除了这三个核心指标，还需要考虑其他重要指标来全面评估Agent的工作效果。工具调用正确率衡量Agent调用工具的准确性和必要性，在OpenClaw的Skills机制中特别重要。例如，在物流配送场景中，配送调度Agent安排配送路线时，调用路况查询接口、天气预报工具的必要性比例,就是工具调用正确率的具体体现。如果100次路线规划中，有78次调用工具是为了优化配送效率，那么准确率就是78%。决策准确率衡量Agent在每个推理步骤上的正确比例，特别适用于需要多步决策的复杂任务。在法律咨询场景中，法律顾问Agent分析案件材料、检索相关法条并给出初步意见时，每个推理步骤的正确比例就是决策准确率。

图 9-1　核心绩效指标：基础评估维度

规范与安全性维度也要纳入评估体系，比如偏见发生率。在信贷审批场景中，贷款审核Agent对申请人的评估是否存在地域或职业偏见，这就是需要监控的指标。如果1000份贷款申请中，有25份因为不合理偏见被错误拒绝，偏见率就是2.5%。对于OpenClaw这样的开源框架，还需要特别关注技能市场的安全性，这类安全风险必须在评估体系中得到充分重视。

评估方式需根据目标搭配使用。端到端评估将Agent视为黑盒，检验最终回复是否满足要求，结果易解释但成本高、难定位问题。模块评估分步骤测试组件，易定位问题、成本低，但难反映业务效果。轨迹评估记录全过程，全面但耗时长，标准难定。不同场景需灵活选择：初期或核心业务宜结合端到端和轨迹分析；持续改进时应侧重模块测试；日常运维可结合过程监控与结果指标；资源有限时以端到端为基准，辅以模块检测和抽样复盘。对OpenClaw等架构需针对其特性设计评估方案（见图9-2）。

评估需基于真实场景数据构建测试集，并根据任务复杂度设置完整推理步骤。人工评估虽准确但成本高，可选择最佳模型进行评判。关键是要检查工具选择、信息传递和回答的准确性。评估目标在于持续优化，通过结果分析改进Agent的表现，指导技能开发和场景拓展（见图9-3）。

实际评估Agent时，除任务完成率、用户满意度和耗时外，还需补充工具调用正确率、决策准确率、偏见发生率等辅助指标。这些指标构成多维评估体系，需根据业务优先级和资源情况合理选择和组合，建立适配的评估框架，以支持后续分析优化，实现性能持续提升和业务价值最大化。

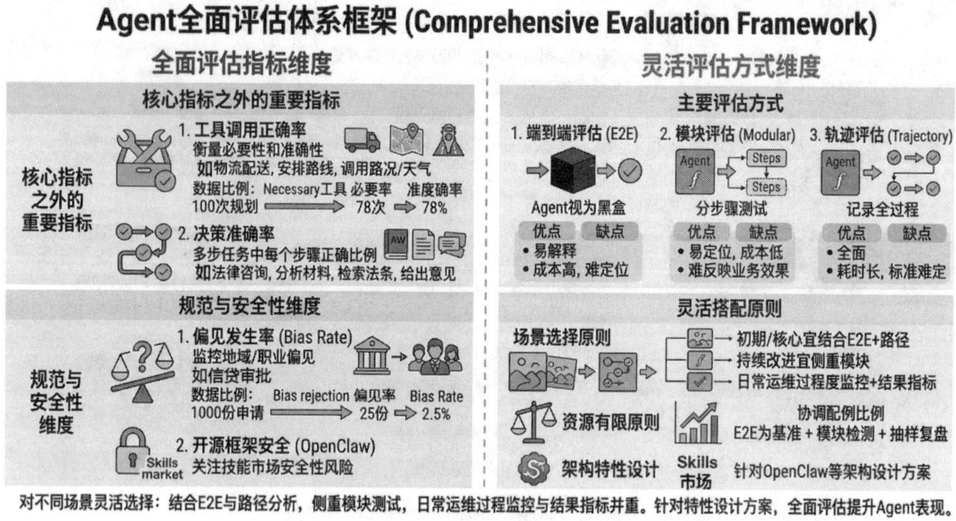

图 9-2　扩展评估指标与方法

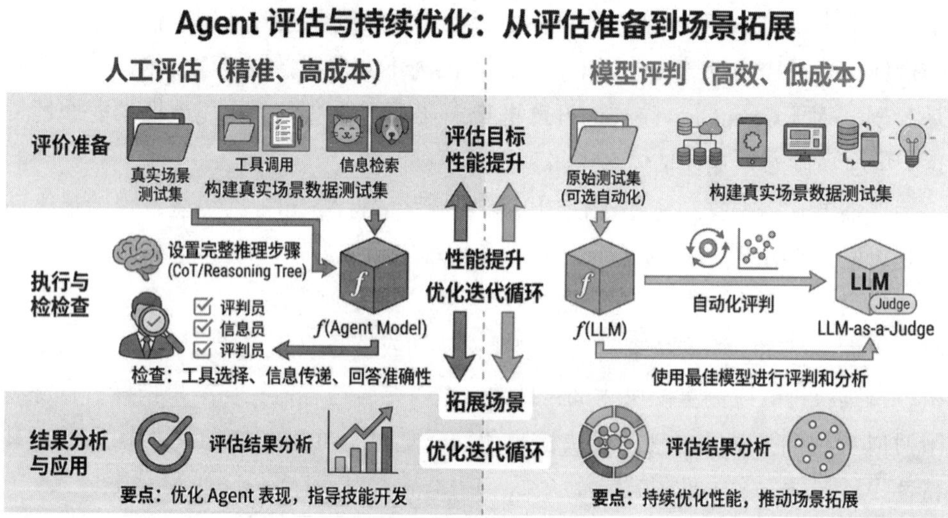

图 9-3　评估数据与持续优化

9.2　迭代循环：发现问题并优化

9.2.1　优化Prompt的清晰度

提示词的表达清晰度直接影响智能体的表现。在OpenClaw应用中，提升提示词的精确性是改善性能最直接、高效的途径之一。通过分析失败案例、收集用户反馈和监控性能指标，可识别提示词中的模糊表述和缺失内容，并进行针对性优化。

优化提示词应遵循清晰性、相关性、预期性等原则。清晰性要求用具体措辞代替笼统描述，如将“写环保文章”优化为“为社区居民写倡议短文，主题是减少塑料使用，需数据和三个建议”。相关性需提供背景信息，比如让智能体扮演物理助教，向新生用比喻的方式解释量子计算的叠加态和纠缠态，避开复杂公式。这些原则能帮助智能体更准确地理解任务。

预期性原则要求明确指定输出结果的特征和约束条件，包括输出长度、风格偏好、需要包含或排除的要点等。例如，在介绍某个历史事件时，不够理想的提示词是“介绍一下西安事变”，而优化后的版本是“用不超过300字概述西安事变的历史背景、主要经过和历史意义，重点突出张学良、杨虎城的角色，避免对蒋介石的个人评价”。这种明确的约束条件，使智能体的输出更贴近用户的期待。

格式规范强调指定输出的具体形式，如列表、表格、JSON等结构化格式，以提升输出的可读性和实用性。在OpenClaw的实际应用中，格式要求尤为重要，因为智能体常常需要生成可直接使用的结构化数据或代码。例如，在要求生成员工信息表时，可以明确指定“以Markdown表格形式输出，包含姓名、工号、部门、入职日期、职级五列”。

测试原则强调通过实际运行验证提示词的效果，并根据测试结果进行迭代优化。在OpenClaw的迭代循环中，测试是不可或缺的环节，它可以帮助发现提示词中的潜在问题，验证优化措施的实际成效（见图9-4）。

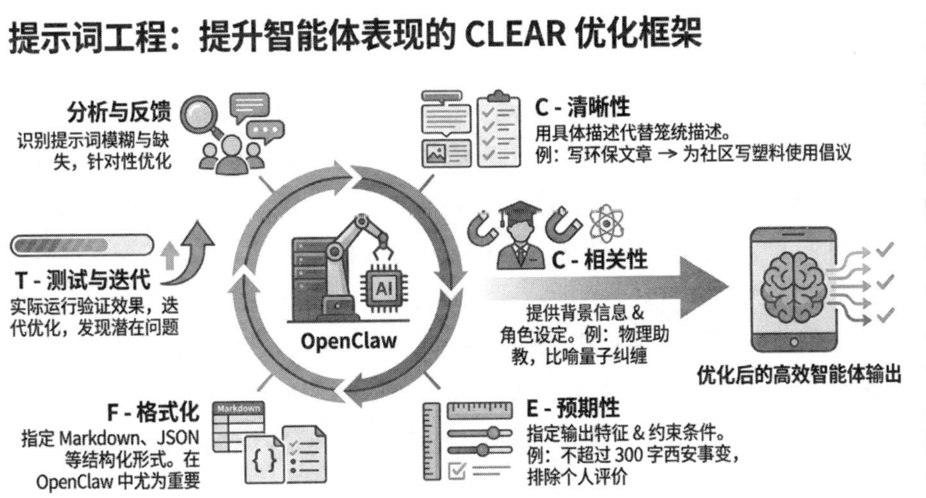

图 9-4　清晰度优化的核心原则与框架

结构化提示词需包含背景角色、任务目标、输出内容和格式限制，以提高清晰度。设定角色可引导智能体适应专业领域，如资深营养师。任务说明应具体阐明预期结果，如文本生成、翻译等，避免产生误解。明确输入输出格式可减轻模型的理解负担，确保生成内容符合预期（见图9-5）。

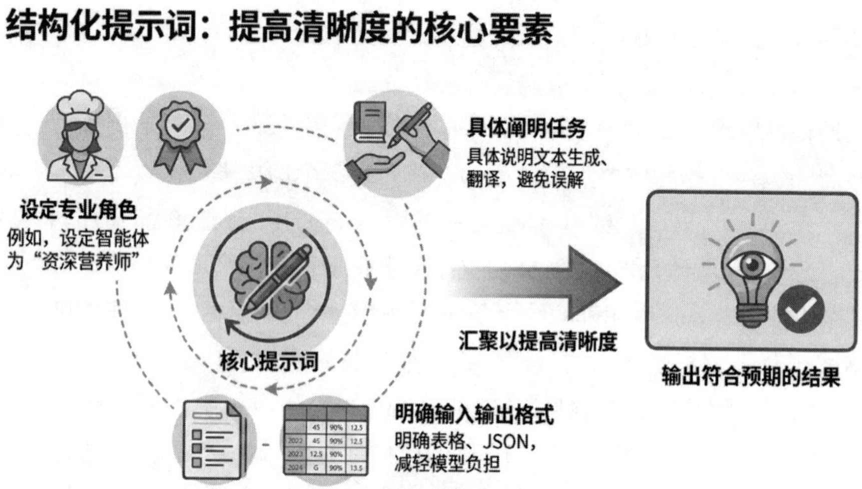

图 9-5　结构化 Prompt 设计方法

模糊的措辞是导致提示词不清晰的主要原因之一。常见的模糊措辞包括“差不多就行”“再优化一下”“弄得漂亮点”“你随便弄”“处理一下”等。这些模糊表达让智能体难以准确理解用户的真实意图,导致输出结果偏离预期。

识别和替换模糊表达是优化提示词清晰度的重要步骤。模糊形容词应该替换为明确的风格或场景描述。例如，“高端一点”可以替换为“适合面向企业高管，注重品牌形象的人群”；“生动一点”可以替换为“风格活泼，多用比喻和拟人手法，适合社交媒体传播”；“快一点”可以替换为“要求在30分钟内完成，优先处理核心步骤”。这种具体的描述能让智能体更准确地把握输出要求。

在OpenClaw的实际应用中，避免歧义尤为重要，因为智能体需要执行具体的操作任务。例如，当要求智能体“整理文档”时，这种描述过于模糊，应该具体化为“读取D:\工作报告\季度总结.docx文件，提取其中的‘业绩达成’和‘存在问题’两个章节，合并为一个新文档，保存到D:\整理文件夹\summary.docx中”。这种具体的描述让智能体能够准确理解需要执行的操作（见图9-6）。

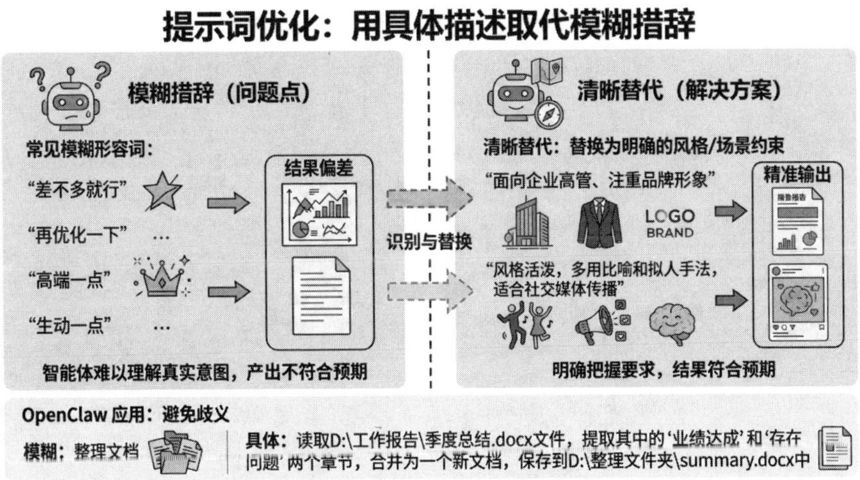

图 9-6　避免歧义与模糊措辞

指令动词是提示词中最核心的成分，它直接告诉智能体需要做什么。不同的任务类型需要选择不同的指令动词，以确保智能体能够准确理解任务要求。

对于数据查询类任务，推荐使用“列举、归纳、抽取、阐述”等动词。例如，“列举本月各销售团队的业绩排名”比“分析销售情况”更加清晰明确。对于内容创作类任务，推荐使用“撰写、拟定、策划、创建”等动词。例如，“撰写一份市场调研报告”比“做个市场总结”更加具体。对于文本优化类任务，推荐使用“重写、修饰、转换、压缩”等动词。对于评估决策类任务，推荐使用“评估、推断、提议、对比”等动词。对于格式规范类任务，推荐使用“采用Markdown排版、构建表格、导出为JSON格式”等动词短语。

在OpenClaw的智能体设计中，指令动词的选择直接影响智能体的行为模式。例如，当要求智能体执行系统操作时，“执行命令：dir C:\Users\Public\Documents”比“查看公共文档目录”更加清晰明确，减少了误解的可能性（见图9-7）。

采用明确的分隔符来划分提示词中的不同内容模块，是提升表达清晰度的有效手段。这种做法有助于大语言模型准确解析各部分的边界和功能。采用辨识度高的分隔符，让模型能够清楚地识别哪些符号代表着内容区域的划分。清晰的区域界定可以避免信息混杂，使模型更容易理解每个模块的独立含义和作用。

常见的分隔符包括“###、===”“#背景#”“#输出要求#”等。例如，在助手的提示词设计中，可以使用“#角色#”来界定角色设定部分，使用“======”来分隔常见问题库内容。这种结构化的划分让智能体能够更清晰地理解不同部分的内容和作用。

图 9-7　指令动词的精准选择

在OpenClaw的Skills设计中，分隔符号的使用尤为重要。Skills通常包含多个部分，如角色设定、任务描述、工具调用、输出要求等。使用清晰的分隔符号可以让智能体更准确地解析Skills内容，提高执行效率（见图9-8）。

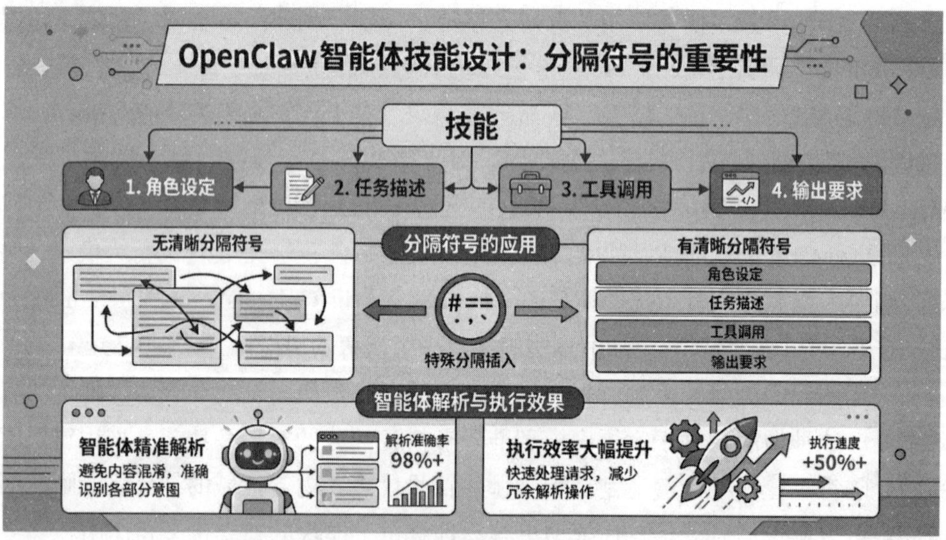

图 9-8　分隔符号与内容单元划分

在提示词中附带期望的输出样例，能够引导模型参照指定的规范、格式、概念、文风和语气进行内容生成，尤其适用于对输出格式或风格有明确要求的任务场景。

提供样例的方式可以采用单样本或小样本学习，即在提示中给出一个或多个明确的任务示例，帮助模型更清晰地理解任务目标和预期输出形式，从而提升生成结果的准确性和一致性。举例来说，当需要智能体撰写项目计划书时，可以附上一份标准的计划书模板，让模型参照其结构和风格生成新的内容。

在OpenClaw的实际应用中，输出样例对于确保Skills的正确执行尤为重要。例如，在数据库查询Skills中，可以提供成功执行的输出样例，让智能体了解正确的数据格式和字段要求（见图9-9）。

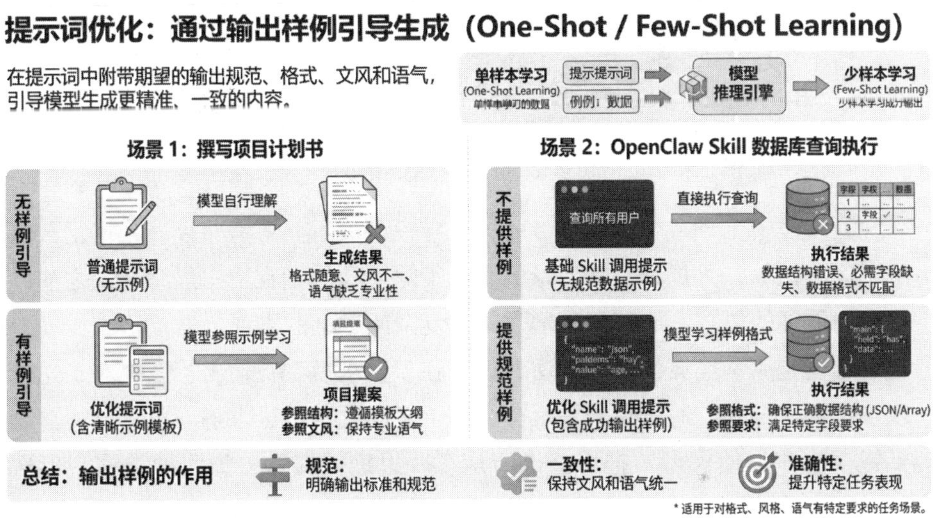

图 9-9　输出样例与示例提供

对于复杂度较高的任务，明确划分执行步骤是提升提示词清晰度的有效手段。通过将一项复杂任务拆解为多个简单明确的环节，可以降低整体难度，提高执行过程的准确性。

所谓步骤分解，就是把一个复杂任务细化为若干独立且表述清晰的子任务，确保每个环节都能被单独理解和执行。以撰写行业分析报告为例，可以将整个过程拆分为选定分析主题、搜集整理资料、设计分析框架、数据处理与解读、撰写报告初稿、修改完善等几个关键阶段。

在OpenClaw的智能体设计中，任务步骤的明确设定对于复杂任务的执行尤为重要。智能体需要按照预设的步骤顺序执行任务，确保每个环节都能得到正确处理。例如，在数据分析任务中，可以设定“第一步：读取数据文件；第二步：数据清洗；第三步：统计分析；第四步：生成报告”等明确步骤（见图9-10）。

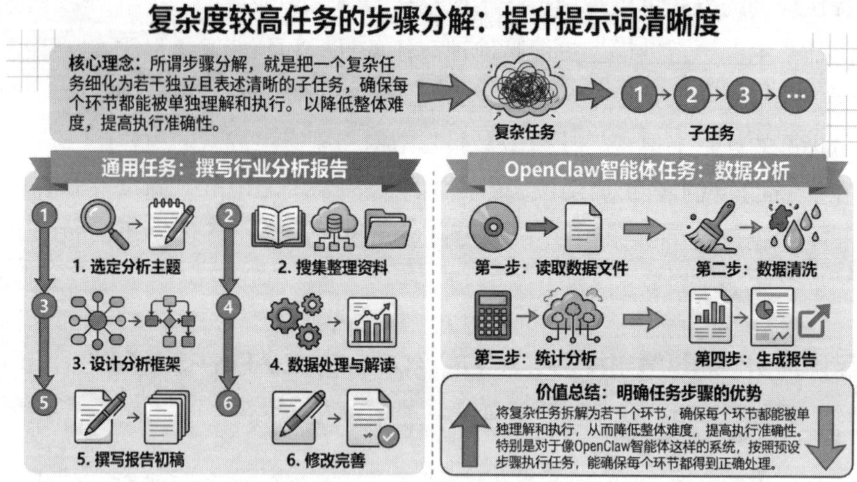

图 9-10　任务步骤的明确设定

在处理逻辑推理或分析类任务时，引导模型展示其思考路径，或将复杂问题拆解后逐步推导，是提升回答质量的有效策略。让模型在给出最终结论之前，先生成中间推理的依据，能够显著增强其在复杂问题上的表现。

思维链是一种经典的引导方法，核心在于要求模型在输出答案之前，先呈现一步步的推理过程。通过将难题拆分为若干子问题并逐步求解，思维链能够有效降低错误率，促使模型“把思路讲清楚”。思维链通常分为两种类型：少样本思维链通过在提示中提供带有推理步骤的示例，让模型模仿学习；零样本思维链则无须示例，仅靠特定的提示词（如“让我们一步步思考”）来激发模型的推理能力。

在OpenClaw的智能体设计中，思维引导有利于完成复杂决策任务。智能体需要能够进行多步推理，做出合理的决策。通过明确的思维引导，可以提高智能体的决策准确性和可靠性（见图9-11）。

即使在提示词优化完成后，我们还需要持续地在线上环境中接收反馈并做出相应调整，才能使模型更好地理解和满足用户需求。迭代分析是提示词优化的重要环节，它基于实际使用中的问题和反馈,不断改进提示词的设计。

失败案例分析是迭代优化的重要方法。通过分析智能体执行失败的案例，可以发现提示词中存在的问题和不足。例如，当智能体误解用户意图、执行错误操作、生成不符合要求的输出时，这些都可以作为失败案例进行分析。通过深入分析这些案例，我们可以找到提示词中的模糊点、歧义点或不完整性，进而进行针对性的优化。

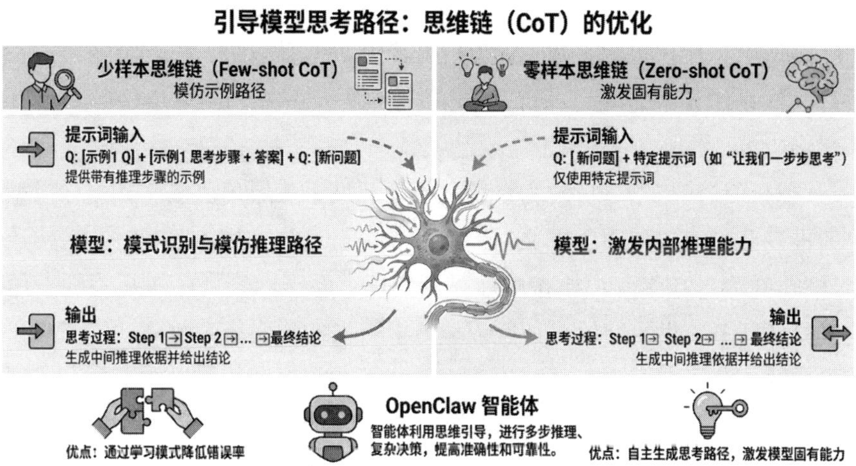

图 9-11　思维引导与推理过程

在OpenClaw的迭代循环中，日志分析是发现失败案例的重要途径。智能体的执行日志记录了详细的执行过程，包括接收的指令、执行的步骤、调用的工具、生成的结果等。通过分析这些日志，可以发现智能体在执行过程中的问题和不足，为提示词优化提供依据（见图9-12）。

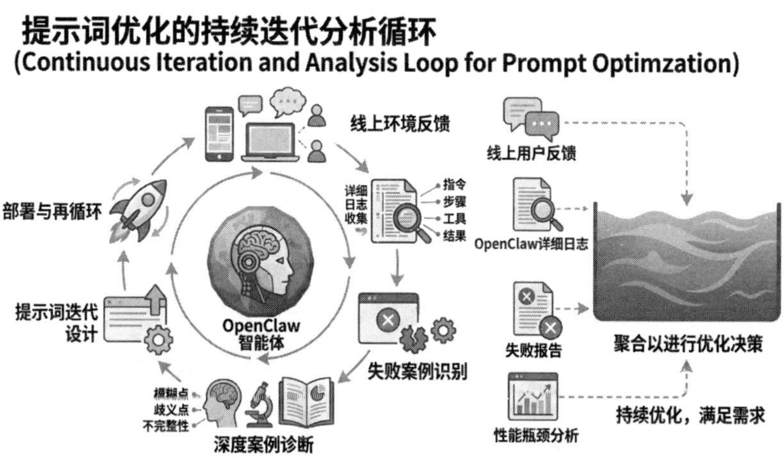

图 9-12　迭代分析与失败案例分析

OpenClaw作为一款开源的自主智能体框架，内置了多项独特的提示词优化技术，能够显著提升智能体的执行精度与运行可靠性。

角色锚定法通过在系统消息中明确界定AI的身份定位、能力边界以及输出规范，有效减少内容幻觉和格式偏差。这一方法适用于各类大模型交互场景，尤其在Web界面或即时通信工具（如Telegram）中下达指令时效果显著。在OpenClaw的实际操作中，用户可以在Web管理后台或聊天窗口采用三段式结构输入指令：第一行标注系统角色设定，第二行写入用户指令，第三行留空（由OpenClaw自动补充响应）。

三层对话结构将指令拆解为系统、用户、助手三层角色嵌套，引导模型进入稳定的推理路径，避免因上下文缺失而导致执行偏差。具体实现时，需构造一个JSON格式的消息数组，严格按顺序排列字段：系统内容规定执行规则，用户内容明确具体任务，助手字段可留空或填入上一次的响应作为示例。

参数固化法，在命令行或文本界面模式下，将温度值等采样参数直接绑定，抑制模型的随机性，确保相同输入始终产生一致的输出。这一方法适用于定时任务的场景。例如，通过SSH登录部署OpenClaw的服务器，执行命令设定温度值和采样范围，然后在交互界面中输入具体指令。

多模态锚点法利用图像描述、时间戳、URL片段等非文本信息作为提示词锚点，激活模型对上下文环境的感知能力，适用于截图分析、网页快照比对等任务。举例来说，在对话中发送一张包含表单字段的网页截图，紧接着发送文字指令，要求模型基于截图内容生成相应的自动化代码。

指令白名单法在提示词中显示声明允许调用的系统命令集合，结合内置的Shell执行引擎，既能杜绝越权操作风险，又能提升命令解析的准确率。操作时，可在Web界面的技能编辑页面新建指令，在提示词框中输入明确的命令白名单和具体任务描述（见图9-13）。

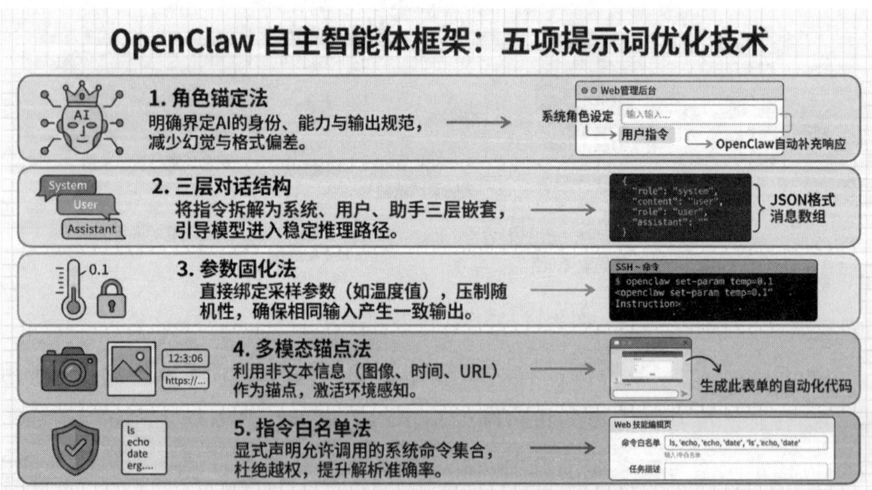

图 9-13　OpenClaw 特有的 Prompt 优化技术

借助真实场景剖析能够更清晰地展现提示词精准度提升的实操路径和成效。以一个智能招聘助理为例，原始的提示词可能是“帮助筛选简历”，这类描述过于笼统，导致助理表现不稳定。改进后的提示词可以构建为：

```
#角色定位#
你是一位企业人力资源部门的智能招聘助理，专门负责处理岗位发布、简历初筛、面试安排等工作。你具备迅速、精准识别候选人资质的能力，能够依据岗位要求给出专业的筛选建议。
#核心目标#
精准识别候选人资质，给出符合岗位标准的筛选建议，提升招聘效率。对于特殊情况，标记并提交人力资源专员审核。
#执行准则#
首先判断简历的完整性：基本信息、教育背景、工作经历、技能证书
依据简历完整度选择相应的处理策略
信息完整的简历：对照岗位需求进行匹配度评估
信息不全的简历：标注缺失项并建议补充材料
资质匹配的简历：评估候选人优势并推荐进入面试环节
资质不符的简历：说明不匹配原因，提供改进建议或推荐其他岗位
所有筛选必须基于岗位标准，不得掺杂主观偏见
#交付格式#
开场说明：已收到您提交的[岗位名称]应聘材料
资质评估：您的[具体方面]符合/不符合岗位要求...
处理建议：依据岗位标准，建议您...
后续流程：如果您对筛选结果有疑问...
结束提示：祝您求职顺利！
#实例演示#
应聘者：我应聘的产品经理岗位审核进度如何？
助理：已收到您提交的产品经理岗位应聘材料。您的3年互联网产品规划经验和用户研究背景符合岗位基本要求，项目管理能力展现充分。依据岗位标准，建议您补充提交近期负责的产品案例详情和数据成果，以便更全面地评估您的实战能力。材料补充完成后，预计在5个工作日内安排初步面试。如果您对筛选标准有疑问，可联系招聘专员详细沟通。祝您求职顺利！
```

这种系统化的提示词构建，涵盖了明确的角色定位、具体的核心目标、详尽的执行准则、清晰的交付格式和实际的演示案例，显著提升了助理的表现稳定性和处理质量。

优化Prompt清晰度是提升AI性能的基础工作，直接影响智能体的理解能力和执行效果。通过结构化设计、避免歧义、精准用词、提供样例等方法可提升Prompt质量。在OpenClaw应用中，需结合具体场景采用针对性策略，并基于用

户反馈和数据分析建立持续优化机制。用户掌握这些方法对提升智能体的性能至关重要。

9.2.2 增加或改进Skills

在OpenClaw持续迭代中，新增或优化Skills是提升其能力边界与执行效率的核心手段。Skills作为OpenClaw的插件系统，实质上是由YAML配置信息和使用文档（SKILL.md）组成的规范化目录结构，用于指导智能体如何调用工具、完成特定任务。如果把OpenClaw与大模型的结合比作赋予AI助理思考能力，那么Skills 就是赋予它动手能力，是OpenClaw落地实际任务、拓展能力边界的根本载体。通过ClawHub（OpenClaw公共技能注册表）实现技能的发现、安装、更新与备份一站式管理。庞大的技能库为智能体能力扩展提供了无限可能，但如何依据日志分析和实际需求，有针对性地增补或改进Skills，才是确保智能体持续进化的关键。

理解Skills的层次结构是有效改进的前提。OpenClaw自动加载三类 Skills，并遵循清晰的优先级规则，最高优先级是工作区Skills，然后是本地托管 Skills（~/.openclaw/skills），最后是内置Skills。高优先级技能会替换同名低优先级技能，同时支持通过配置文件添加额外技能目录以扩充来源。这种分层设计既保障了核心功能的稳定性，又为个性化定制留出了空间。实际应用中，我们可根据日志中暴露的性能瓶颈或功能缺失，在合适的层级添加或修改 Skills。例如，若发现智能体处理特定文件操作的效率较低，可在工作区Skills中增加优化的文件处理技能，覆盖默认的内置版本。

日志分析是发现Skills改进需求的最直接途径。OpenClaw的日志系统记录了智能体执行任务的完整过程，包括接收的指令、调用的工具、执行的结果、遇到的错误等详细信息。通过系统地分析这些日志，可以发现智能体在哪些场景下表现不佳，哪些任务需要更专业的技能支持，哪些现有的Skills存在性能瓶颈。

常见的日志分析指标包括任务失败率、执行耗时、工具调用频率、错误类型分布等。例如，如果日志显示智能体在处理邮件分类任务时频繁失败，那么可能需要改进现有的邮件管理技能；如果发现文件处理任务耗时过长，可能需要优化文件读写算法或添加缓存机制；如果某些工具被频繁调用但效果不佳，可能需要重新设计工具的逻辑或调整参数设置。通过量化分析这些指标，可以科学地确定Skills改进的优先级和方向。

日志分析还可以揭示用户行为模式和需求的变化。通过分析用户与智能体的交互历史，可以发现哪些功能被频繁使用，哪些功能很少被调用，哪些新需求正在出现。例如，如果发现用户越来越多地要求智能体处理视频文件，而现有Skills缺乏相关功能，就需要考虑增加视频处理技能。这种基于实际使用数据的需求分析，确保了Skills改进具有针对性和实用性（见图9-14）。

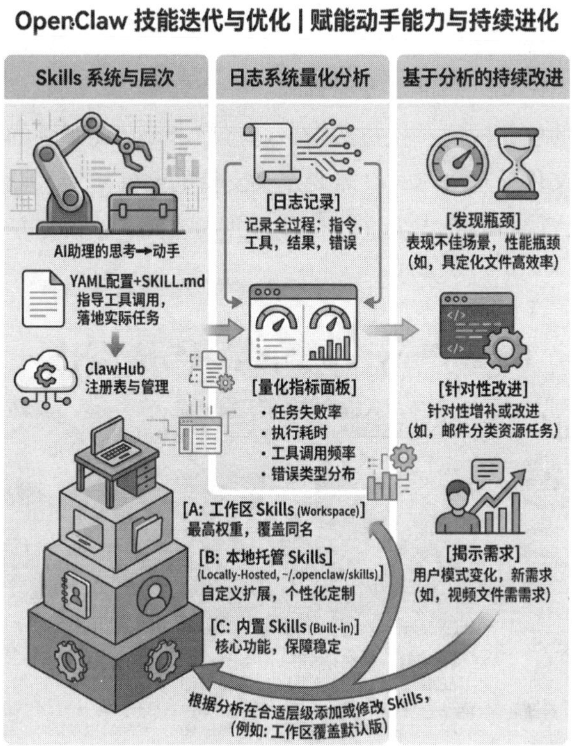

图 9-14 基于日志分析的 Skills 需求识别

OpenClaw的独特之处在于其人类化的学习方式。不同于传统AI只能在预设工具中选择，OpenClaw通过“观察-行动-纠错-固化”机制自主应对陌生任务：当遇到未知需求时，它会自行编写代码、测试并修正错误，成功后形成可复用的技能，如同人类学徒将手艺内化为本能。

基于这样的设计理念，技能的开发流程也呈现出人机协作的新模式。第一步是让OpenClaw学习与深度消化相关的技术资料，真正理解任务背后的原理。接着它会在指导下动手写出技能的代码雏形。调试阶段遇到报错，我们只需把错误信息扔回给它，OpenClaw就会像一位固执的程序员一样反复推敲、修改代码。经过几轮这样的反馈循环，当技能终于跑通时，它还会主动把完整的实现步骤、踩过的坑、总结的技巧全部更新到技能文档中。这种开发方式把技能的创建门槛降得很低，即使是非科班出身的用户，也能像指导实习生一样，一步步带出自己专属的“数字技工”。

落实到具体的技能实现上，有几个技术细节需要格外留意：功能边界要划得清楚，这个技能到底能做什么、不能做什么；输入输出要有规矩，传进来什么格式的数据，吐出什么结构的结果；出错时要扛得住，网络超时、文件损坏、权限不足这些意外都得有预案；跑起来还得够轻快，大文件处理、多人同时调用、中途崩溃恢复这些都得考虑进去。一个称得上“成熟”的技能，本质上就是一个小而美的软件模块：接口清晰，运行稳定，还能跟别的模块和睦共处。例如，开发一个文件处理Skill时，需要定义支持的文件类型、操作权限、处理逻辑、输出格式等，同时要考虑大文件处理、并发访问、错误恢复等实际场景需求（见图9-15）。

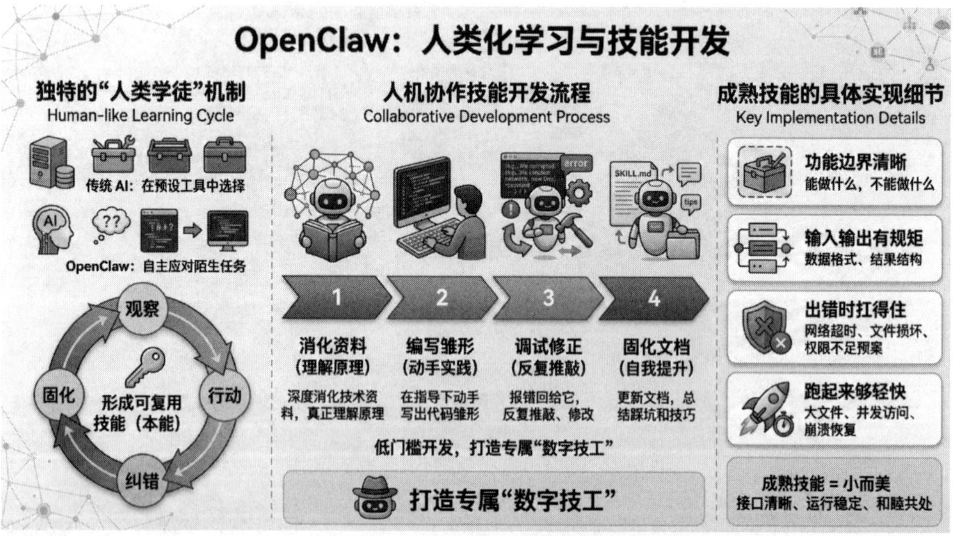

图 9-15　Skills 开发的核心方法论

Skills的性能影响智能体的执行效率。日志分析可以发现性能瓶颈并进行针对性优化，常见措施包括算法优化、缓存、并行处理和资源管理，其中算法优化是提升性能的基础。例如，对于数据处理类Skills，可以优化数据结构和算法复杂度；对于网络请求类Skills，可以优化请求策略和连接复用；对于文件操作类Skills，可以优化读写缓冲和磁盘I/O。通过分析执行耗时和资源占用，可以找到算法中的瓶颈，进行针对性的改进。

缓存机制可以显著减少重复计算和网络请求。对于频繁访问且变化不大的数据，可以添加缓存层，以减少对后端服务的压力。例如，天气查询Skills可以缓存最近的查询结果，在一定时间内直接返回缓存数据；文件处理Skills可以缓存文件元数据，避免重复读取。缓存策略需要根据数据的特点和时效性要求进行设计，平衡性能和准确性。

并行处理能提高多任务执行效率。OpenClaw通过多线程和多进程机制动态调整并发数，适用于并行任务如批量文件处理与多网站数据抓取，从而实现提速。需关注资源竞争与同步以保证并发的正确性、稳定性。

资源管理包括内存管理、CPU调度、网络连接管理等。Skills应该合理使用系统资源，及时释放不再使用的资源，避免内存泄漏和资源耗尽。对于资源密集型任务，可以添加资源限制和监控，防止单个任务占用过多资源影响系统稳定性（见图9-16）。

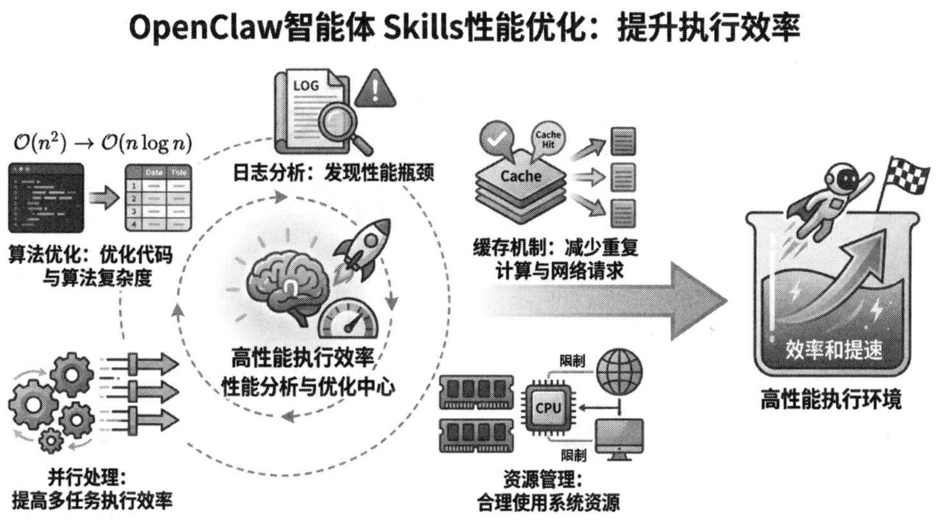

图 9-16　Skills 性能优化与效率提升

安全性是Skills优化的核心。OpenClaw作为系统级智能体，其Skills安全决定系统边界。优化需从多维度构建防护体系：输入校验是首道防线，应严格过滤外部输入，防范注入攻击等风险，如限制文件路径、过滤命令参数。权限管控约束操作边界，各Skill需声明权限等级并校验，OpenClaw支持细粒度管控，遵循最小权限原则。故障隔离阻止风险扩散，Skills应在独立进程或容器中运行，Docker部署提供隔离环境，操作受容器隔离机制约束。审计日志用于安全溯源，应记录操作时间、身份、参数等，便于诊断和识别威胁（见图9-17）。

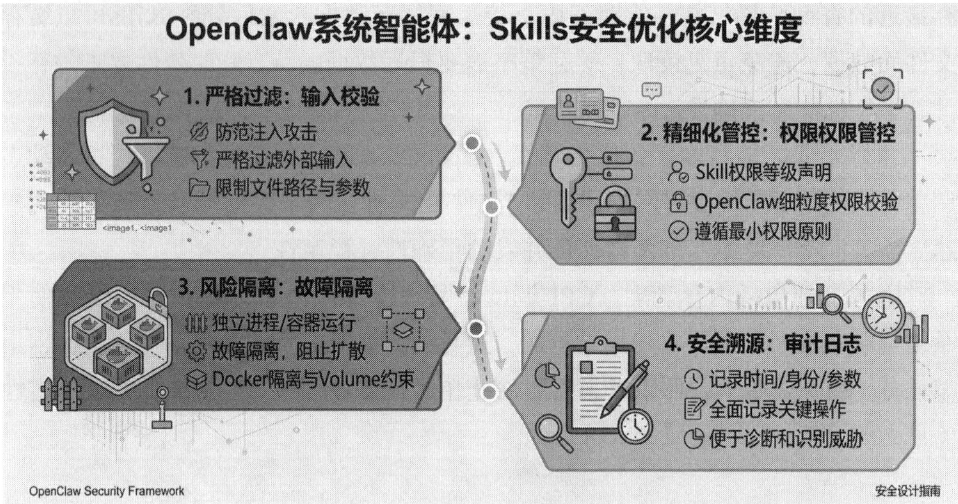

图 9-17　Skills 安全性与可靠性改进

改进Skills后需进行全面测试验证，包括功能、性能、安全和兼容性等维度。功能测试通过单元、集成和端到端测试覆盖各类场景，确保按预期运行。性能测试评估执行效率和资源消耗，模拟真实负载下的响应时间和错误率。安全测试检查防护能力，覆盖常见攻击向量。兼容性测试，验证不同环境和配置下的适应性。回归测试确保改进不引入新问题，自动化测试提高效率（见图9-18）。

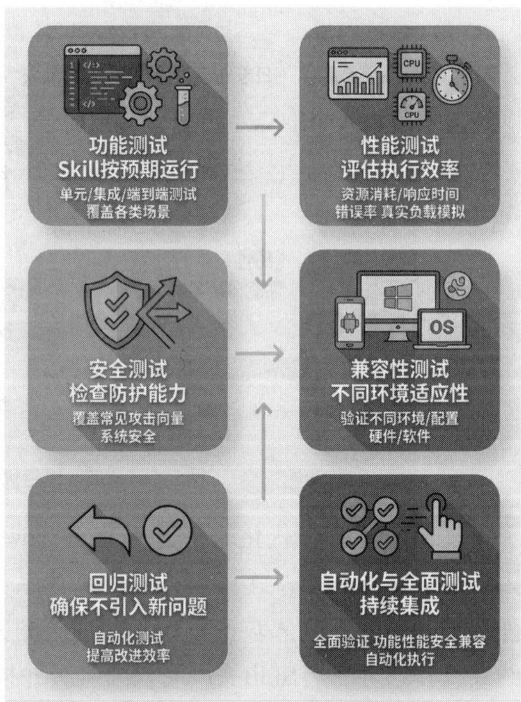

图 9-18　Skills 的测试与验证

Skills迭代是OpenClaw智能体能力的核心，决定了其执行效率与范围。通过日志分析、迭代开发、场景化策略及多层面优化，可系统提升Skills质量。用户掌握Skills改进方法对发挥智能体潜力至关重要。

9.2.3 调整任务分解逻辑

在OpenClaw智能体的演进进程中，优化任务拆解逻辑是增强其规划能力和执行效能的关键环节。任务拆解是赋予智能体规划能力的核心工程手段。在所有大语言模型应用中，一个普遍规律是：真正强大的智能体，其核心不在于生成内容，而在于生成执行方案。只有善于拆解任务的代理Agent，才能真正实现复杂目标。换言之，提示词只能解决单一任务，工具链解决依靠工具执行的问题，状态机与工作流解决按照流程执行的问题，但真正强大的Agent，是能自主制订执行流程。通过优化任务拆解逻辑，智能体可以从接收指令进化为自主规划完整流程。

智能体领域的任务拆解存在多种形式，明确三层表现形式。第一层是语义层，将任务拆分成认知层面的语义步骤。例如，制定一周健身计划可以拆解为评估身体状况、设定健身目标、选择合适项目等步骤。这是对任务的抽象描述，并非可执行步骤。第二层是操作层，拆分成可执行动作，如查询健身知识、设计训练方案、安排时间表、提出饮食建议等。这是AI最常采用的任务拆解方式，但尚未绑定具体工具。第三层是执行层，拆分成可操作的工具→状态→输入组合，如调用工具→输入用户的身体数据→返回体能评估报告等。

OpenClaw的架构适配这三层任务拆解模型。其核心价值在于将大语言模型的逻辑推理能力（语义层理解）转化为对操作系统、软件API及硬件设备的实际控制能力（执行层操作）。OpenClaw采用网关-节点的解耦架构，其稳定性和响应速度依赖于两个核心组件的协同工作。Gateway作为全天候运行的持久化WebSocket RPC服务端，承担消息路由、并发Agent会话管理、LLM API调用等职责，主要处理语义层和操作层的任务规划。Agent Runner（执行引擎）则负责解析LLM输出的指令并触发具体的本地操作，如执行Shell命令、控制浏览器行为等，直接对应执行层的工具调用。

这种分层架构为三层任务拆解提供了天然的技术支撑：Gateway处理任务的语义理解和操作规划，Agent Runner完成从抽象指令到具体工具调用的“最后一公里”转换，实现了从认知到执行的完整链路（见图9-19）。

现代大型语言模型智能体中的任务分解方式，大致可以归纳为四种典型类型。第一种是零样本规划，即让模型直接生成执行计划。这种方式最大的优势在于速度快、操作简单、成本较低，但缺点也很明显，即生成结果不稳定，步骤可能跳跃，内容容易缺失。它适用于简单任务和小规模的自动化场景。

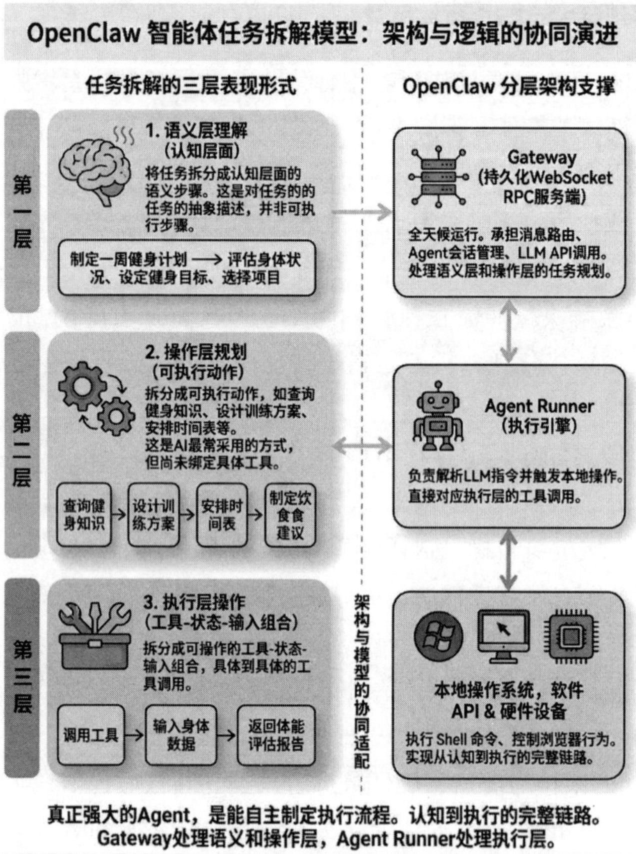

图 9-19　任务拆解的三层架构模型与 OpenClaw 的融合

第二种是ReAct规划，其核心流程可以概括为“推理+行动+状态更新”。具体执行时，模型先推理下一步需要做什么，然后调用相应的工具，再从环境中获取反馈，最后根据反馈继续向下拆解任务。这种方式的优势在于灵活性强，每一步都基于上一时刻的实际状态，能够动态调整后续动作；缺点是运行成本相对较高，面对过长任务时容易出现“烂尾”情况。它适合那些需要反复尝试和迭代的任务，以及涉及信息搜索的场景。OpenClaw正是采用了这种ReAct模式，使其能够游刃有余地应对复杂、非线性的任务。在推理阶段，模型会分析当前任务状态，决定下一步动作；在行动阶段，它会从技能库中选出合适的工具并输出调用参数；在观察阶段，OpenClaw调用该工具，并将执行结果（无论是成功、报错还是返回的数据）反馈给模型；随后进入循环阶段，模型根据最新反馈判断是继续执行还是完成任务并输出结论。

第三种是结构化规划，通常采用XML或JSON Schema来定义任务流程。这是工程师们最常用的方式，因为它提供了极高的可控性和稳定性，生成的结果可以被程序准确解析，并且能够对接工作流引擎和状态机。它的主要缺点在于模板的设计需要一定的经验积累。这种规划方式适用于内容生成、工作流自动化、企业级智能体应用以及多智能体协作等场景。

第四种是示例驱动规划，通过提供具体示例来引导模型模仿任务拆解。这种方法的优点是执行稳定，步骤结构清晰，整个过程可控性强；缺点是需要积累足够的示例，而且示例的不同可能导致模型泛化效果不一致。它特别适合那些流程复杂但结构明确的任务，以及需要跨领域进行规划的场景。在实际的商用级智能体系统中，通常不会只依赖单一规划方式，而是将结构化规划与ReAct规划结合起来使用，前者保证流程的可控和稳定，后者提供应对复杂动态任务的灵活性（见图9-20）。

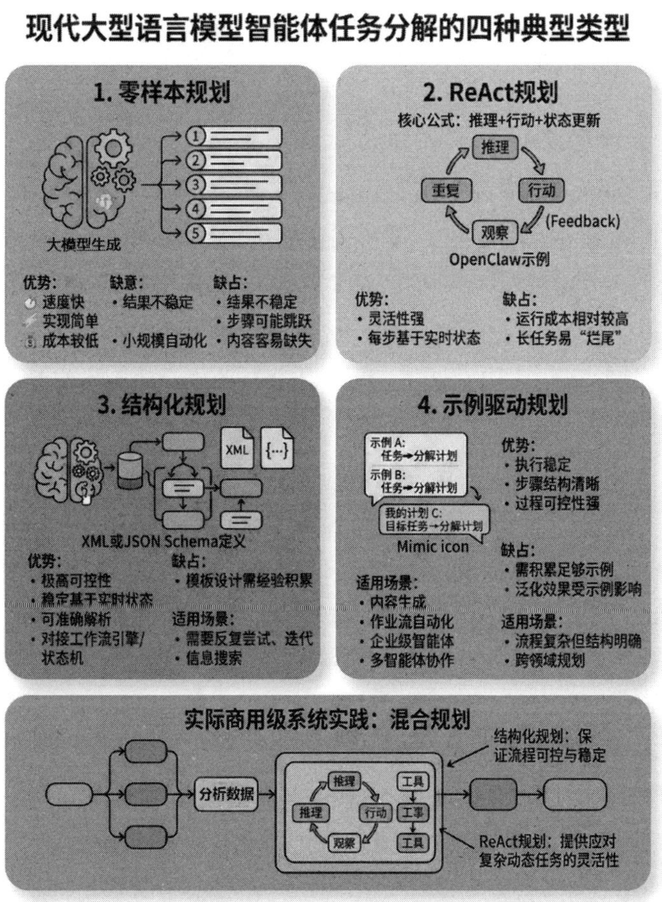

图 9-20　四种主流任务分解技术在 OpenClaw 中的应用

在代理层级结构方面，核心思路是在配置文件中显式定义不同角色的代理并分配独立的执行通道。这种多代理架构与“Agent + Skills”五步构建框架天然契合，每一步都能在配置优化中得到体现。

第一步，拆分要求将复杂任务解构为原子化能力，对应到配置中就是为每个子代理赋予单一职责的技能。例如，软件开发场景可以拆解为requirement-analyzer（需求分析员）、architect（架构师）、developer-agent（开发人员）、tester（测试员）、reviewer（代码审查员）等专用代理，避免出现“万能Prompt”导致的逻辑混乱。

第二步，编排强调用自然语言描述协作逻辑，而非硬编码工作流。主Skill中的指令可以这样写：“先调用requirement-analyzer解析需求文档，完成后基于其结果让 architect 设计技术方案；针对每个模块，并行启动developer-agent进行编码；编码完成后依次调用tester执行单元测试、reviewer进行代码审查。”OpenClaw的Agent能够理解这种条件分支和循环语义，将自然语言转化为可执行的协同指令。

第三步，存储关注中间状态的持久化存储。通过将每一步的输出保存为本地文件（如 requirements.md→architecture.md→module1.py, module2.py→test_report.md→review_comments.md），不仅实现了任务的可追溯性，更赋予了系统断点续传的能力。当任务因意外中断时，可直接读取最新的中间文件继续执行，无须从头再来。更重要的是，这种设计为人机协作提供了入口，人工可以在任意环节修改中间文件（如微调架构设计），Agent读取修改后的版本继续执行，实现真正的“人在回路”。

第四步，分配则解决大规模并行处理时的上下文爆炸问题。配置中应强制子代理之间只传递文件路径而非文件内容，每个子代理根据需要自行读取指定路径下的数据。例如，多个 developer-agent 可以同时读取同一个架构设计文件，并行开发不同模块，既保持了模型上下文的纯净性，又实现了真正的并行处理。

第五步，迭代赋予了系统自我进化的闭环能力。当发现某个Skill效果不佳时，可以借助自动化分析工具读取日志并自动重写Prompt。随着使用次数增加，Agent能够不断修正自身的System Prompt，系统越用越强，彻底摆脱传统静态工作流“建成即落后”的困境。通过上述配置优化，OpenClaw的多代理协同将真正落地为可扩展、高鲁棒性的企业级智能体解决方案（见图9-21）。

用户提到的“跨平台社交媒体内容同步发布”或“多城市展会行程协调”，属于典型的长链条复杂任务。OpenClaw是如何从容应对的？这得益于其对复杂

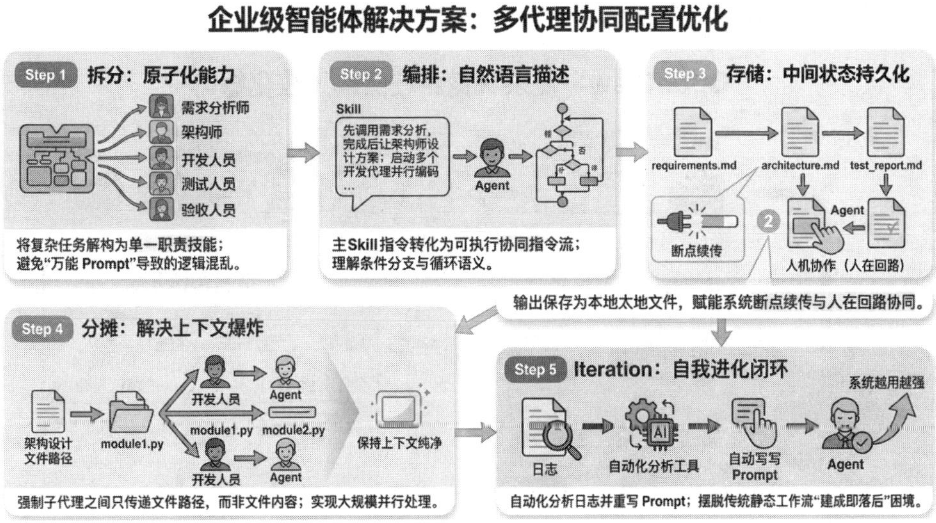

图 9-21　OpenClaw 多代理协同工作流优化

工作流的工程化编排。

首先是动态规划：面对“在微博、公众号、小红书三个平台同步发布新品宣传内容”的任务，OpenClaw不会试图一次性生成答案。它会先生成一个任务队列：第一步，提取用户提供的内容素材和图片；第二步，分别模拟登录三个平台；第三步，按照各平台格式调整内容（如字数限制、图片尺寸）；第四步，设置定时发布并提交；第五步，等待发布完成并抓取链接；第六步，汇总发布状态生成报告。

其次是异步执行与状态保持：在执行第四步设置定时发布后，需要等待实际发布时间到来才能执行第五步。OpenClaw具备长期会话保持能力，它可以在挂起状态等待定时触发器，时间到达后自动唤醒Agent继续执行后续步骤，无须人工干预。

最后是人机协作：在第三步内容调整完成后，正式发布前，OpenClaw会通过企业微信或钉钉向用户发送预览，请求确认文案和图片无误。只有收到用户的“确认发布”指令，才会继续执行第四步。这种编排让AI既有自主性，又始终在人类的掌控之中。

这种工程化编排需要合理的配置支持。在OpenClaw的gateway配置中，可以设置sandboxMode为all，lanes配置main车道和parallel车道，main车道concurrencyLimit设为1、priority设为high，parallel车道concurrencyLimit设为8、priority设为normal。session配置可以设置dmScope为per-channel-peer。这种配置

确保了任务的有序执行和资源合理分配（见图9-22）。

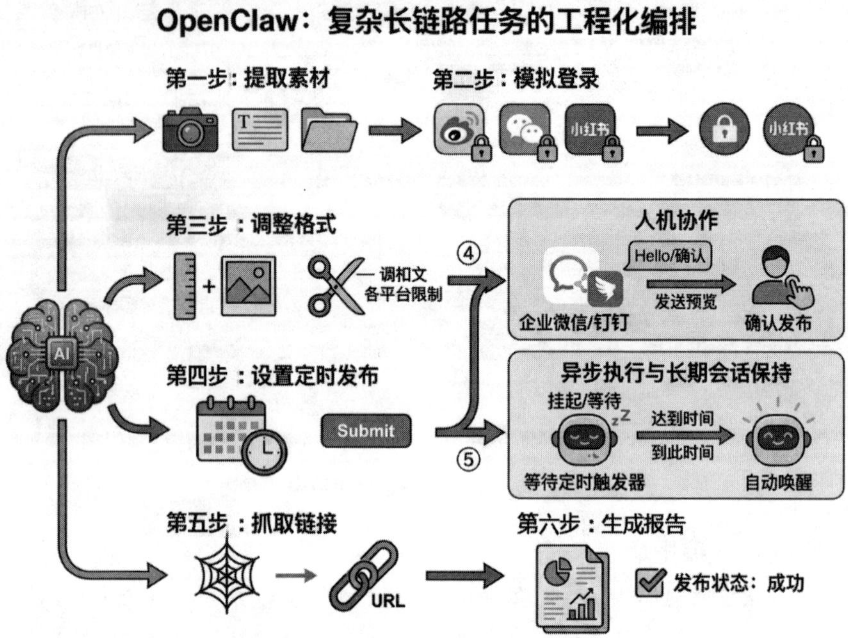

图 9-22　工程化编排处理复杂任务

优化任务分解逻辑是提升OpenClaw智能体规划和执行能力的核心。三级模型、四种技术、多代理协同和工程编排可提高分解质量。递归进化机制能处理新任务并将其转化为长效记忆。系统评估与持续迭代，增强智能体可靠性，用户掌握评估方法可更好地发挥其价值。

第 10 章

国产化“龙虾”生态：云端与本地部署

随着AI Agent技术的持续演进，围绕Claw协议构建的国产生态正呈现出百花齐放的态势。多家头部厂商相继推出了各具特色的解决方案，从云端托管到桌面客户端，从零门槛入门到深度企业集成，不同产品在定位和能力上形成了鲜明的差异化竞争格局。

国产Claw生态已形成多元格局（表10-1）：Kimi Claw作为Moonshot AI的云端托管方案，主打零门槛部署和Kimi K2.5模型的长上下文与多Agent协作能力，适合新手快速尝鲜；MiniMax的MaxClaw则以积分制或订阅制提供高性价比服务，内置丰富技能且支持飞书/钉钉一键接入，但初期存在积分消耗不透明与响应延迟的问题；QQClaw支持在QQ平台部署，可实现智能问答、文件分析与定时任务；阿里云CoPaw依托通义千问生态，提供开源方案并专注微信/飞书集成，强调零订阅费与自付API的灵活成本；网易有道的LobsterAI则提供桌面GUI界面，降低使用门槛并集成Claude SDK，适合追求易用性与大厂背书的用户。

表 10-1 国产 Calw 对比表

产品名称	所属厂商	核心定位	优势	适用人群
Kimi Claw	Moonshot AI	云端托管；零门槛部署	无须搭建服务器，开箱即用；Kimi K2.5长上下文处理能力强；原生支持多Agent协作工作流	AI新手用户；希望快速体验多Agent协作的个人开发者
MaxClaw	MiniMax	高性价比；企业办公集成	积分制/订阅制灵活选择，成本可控；内置丰富预置技能；一键接入飞书、钉钉	注重性价比的企业团队；需对接办公平台的业务场景
QQClaw	腾讯QQ	社交平台集成；轻量化任务	直接在QQ内使用，无须切换应用；支持智能问答、文件分析、定时任务；社交场景体验流畅	QQ重度用户；需在社交场景中完成轻量AI任务的个人

续表

产品名称	所属厂商	核心定位	优势	适用人群
CoPaw	阿里云	开源方案；灵活成本控制	开源可定制，底层逻辑自由调整；零订阅费，仅按API实际调用量付费；支持微信、飞书集成	技术型开发者；预算敏感的早期探索团队
LobsterAI	网易有道	桌面GUI客户端；易用性优先	图形化界面操作，无须编程基础；集成Claude SDK，推理与复杂任务能力强；大厂背书，品牌信任度高	追求易用性的非技术用户；偏好大厂产品的个人与小团队

纵观当前格局，各方案已形成清晰的分层定位：Kimi Claw适合快速体验与多Agent协作，MaxClaw面向注重性价比的企业团队，QQClaw服务于社交场景下的轻量需求，CoPaw为技术型用户提供高度灵活的开源选项，LobsterAI则以桌面端易用性见长。这一多元化的竞争态势既反映了国内AI厂商在Agent基础设施层面的积极布局，也为不同背景与需求的用户提供了充分的选择空间。

10.1 云端托管方案：开箱即用的AI生产力革命

10.1.1 快速入门：5分钟创建你的专属AI助手

Kimi Claw 作为一款面向普通用户的AI助手创建工具，其核心优势体现在三个方面：无须编写任何代码、全部运行于云端，以及支持一键完成部署。这三大特性从根本上解决了传统 OpenClaw 框架长期以来在服务器配置、运行环境搭建和代码开发方面给用户带来的困扰与门槛。即便是没有任何技术背景的用户，也能够在极短的时间内拥有一个属于自己的AI助手。

◎ 步骤1：开通会员，获取使用资格

目前，Kimi Claw 仍处于 Beta 测试阶段，尚未向所有用户全面开放。若希望体验该功能，需要先将账户升级至 Allegretto 及以上等级的会员。完成会员开通后，用户即可获得一个运行在云端的AI助手实例，该实例支持 7×24 小时全天候在线服务，无须担心本地设备关机或网络中断等问题。在 Kimi 的主界面中，可以找到升级入口（见图10-1），点击后将跳转至订购页面（见图10-2），按照页面提示完成支付即可。

图 10-1　升级体验 Kimi Claw 界面

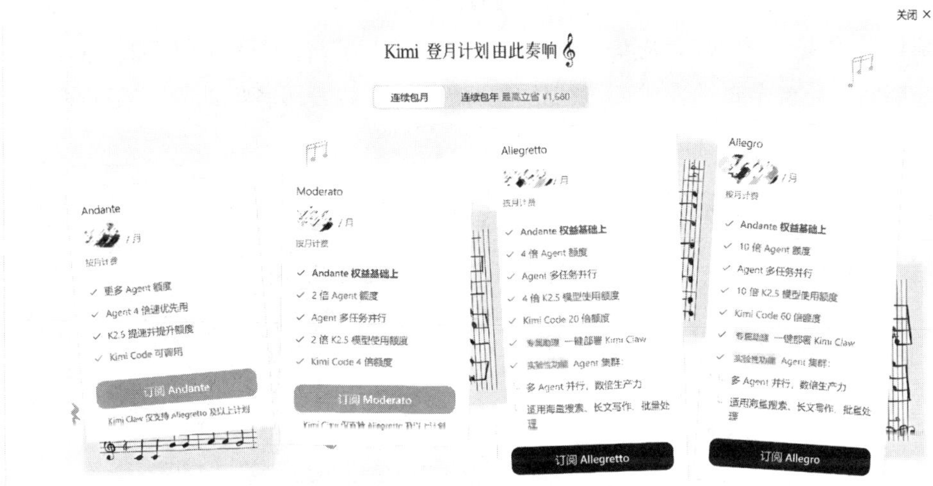

图 10-2　订购 Allegretto 界面

◎ 步骤2：一键创建专属AI助手

会员开通完成后，即可正式进入创建流程。首先，通过浏览器访问Kimi Claw官网，进入 Kimi Claw 的创建页面（见图10-3）。该页面的左侧设有导航栏，在其中可以找到标注为“Kimi Claw”的功能入口，点击即可进入相应模块。

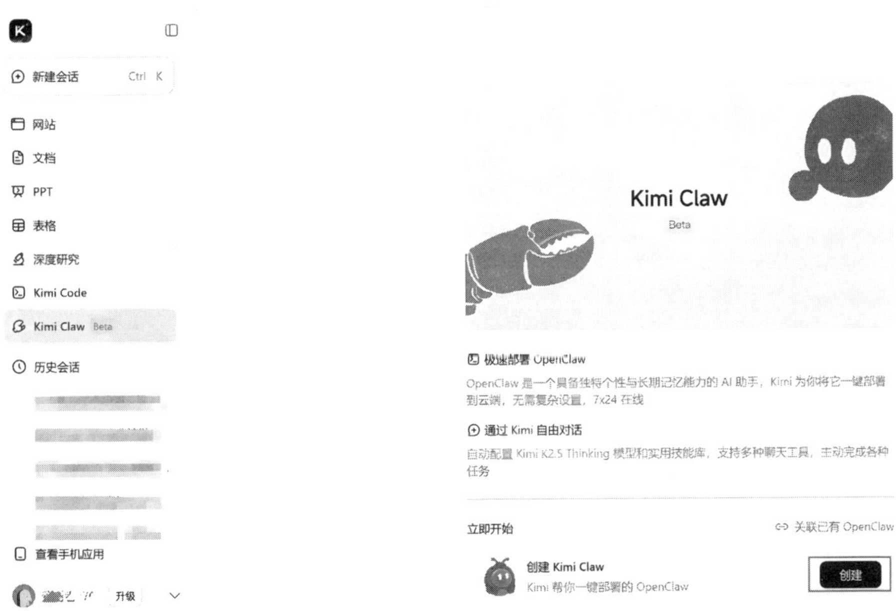

图 10-3　Kimi Claw 创建界面

进入模块后，页面上会出现一个“创建”按钮（见图10-3）。点击该按钮后，系统将自动执行云端部署流程，整个过程大约需要等待30至60秒（见图10-4）。在此期间，后台会自动完成环境初始化、资源分配以及服务启动等一系列操作，用户无须进行任何额外的配置或干预。

图 10-4　创建界面

当部署完成后，页面将自动跳转至一个持续的聊天界面（见图10-5）。此时，专属AI助手已经处于就绪状态，用户可以直接在对话框中输入问题或指令，与助手进行实时交互。由于该助手运行于云端服务器，因此即使关闭浏览器窗口，助手本身也不会停止运行，下次打开时仍可继续使用。

图 10-5　创建完成后使用界面

综合来看，从开通会员到完成创建，整个流程仅需数分钟，操作步骤简洁明了。Kimi Claw 通过将复杂的技术细节封装在后台，让用户只需关注最终的使用体验，大幅降低了AI助手的创建与使用门槛。

10.1.2 核心能力与实战场景应用

Kimi Claw 并非一个仅能进行简单对话的聊天机器人，其本质上是一个功能完备的智能行为代理。它所具备的核心能力涵盖长期记忆、定时任务、技能安装，以及文件工作区四大模块。长期记忆使其能够在多轮交互中持续积累上下文信息，不会因对话中断而遗忘此前的沟通内容；定时任务功能则赋予了它按照预设时间自动执行操作的能力；技能安装机制允许用户根据需求为助手扩展新的功能模块；而文件工作区则提供了一个可供助手读取、编辑和管理文档的独立空间。这四项能力的协同配合，使得 Kimi Claw 能够从被动应答转变为主动执行，真正意义上成为用户日常工作与学习中的智能助理。

以下通过两个典型的实战场景，展示如何利用这些核心能力解决实际问题。

◎ 场景1：定时信息监控与推送

在信息快速更新的时代，持续跟踪某一领域的最新动态往往需要耗费大量的时间与精力。借助 Kimi Claw 的定时任务功能，这一工作可以完全交由AI助手自动完成。例如，用户可以向助手下达指令（见图10-6）。

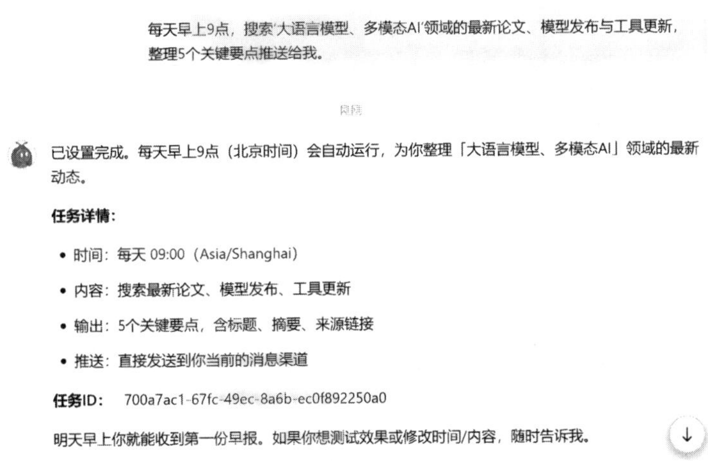

图 10-6 创建新闻搜索任务

收到该指令后，Kimi Claw 会在后台自动创建一个类似于 Linux 系统中 cron 机制的定时任务（见图10-6）。所谓 cron 机制，是一种经典的计划任务调度方式，能够按照用户设定的时间规则周期性地执行特定操作。在本场景中，Kimi Claw 会在每天早上9点准时启动，自动执行网络搜索，从海量信息中筛选出与大语言模型和多模态AI相关的最新论文发表、模型发布公告以及工具版本更新等内容，随后将这些信息进行结构化整理，提炼出五个最具价值的关键要点，最终以摘要的形式推送给用户。整个过程无须任何人工干预，真正实现了全自动化的信息聚合与分发，极大地提升了信息获取的效率。

◎ 场景2：自动化数据处理与报告

对于需要定期跟踪金融市场数据的用户而言，手动查询和整理股票行情是一项重复且烦琐的工作。Kimi Claw 能够将这一流程完全自动化。用户只需向助手发出类似这样的指令（见图10-7）。

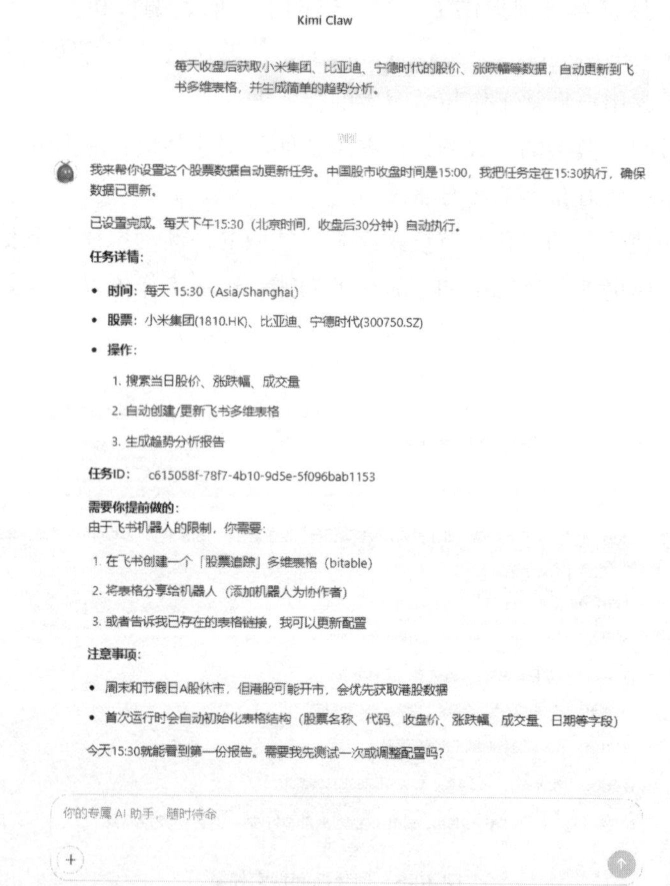

图 10-7 创建数据分析任务

接收到该指令后，Kimi Claw 会接入相关的金融数据API接口，在每个交易日收盘后定时抓取指定股票的当日收盘行情数据，包括但不限于当日收盘价、涨跌幅度、成交量等关键指标（见图10-7）。

获取数据后，助手会自动操作飞书多维表格，将最新数据写入对应的字段中，保持表格内容的持续更新。与此同时，Kimi Claw 还能够基于历史数据生成简要的趋势分析，帮助用户直观地了解各支股票近期的走势变化，从而为投资决策提供数据层面的参考与支持。

通过以上两个场景可以看出，Kimi Claw 的价值远不止于回答问题，它能够将用户的需求转化为可自动执行的任务流程，在信息监控、数据处理、报告生成等多个维度发挥实质性的作用，帮助用户从重复性劳动中解放出来，将更多精力投入到需要深度思考和判断的核心工作中。

10.1.3 常见问题与避坑指南

Kimi Claw 目前仍处于 Beta 测试阶段，用户在实际操作中可能会遇到一些典型问题。提前了解这些潜在陷阱并掌握相应的规避方法，有助于显著提升使用体验和任务执行的成功率。

（1）任务被遗忘

部分用户会发现此前交代的任务未能按时执行甚至完全丢失，其根本原因在于任务信息未被写入记忆文件。Kimi Claw 的长期记忆依赖文件化存储，若任务仅停留在对话层面而未被持久化记录，便可能随上下文更迭而丢失。因此，在交代任务时应明确说“请记下来，截止时间为X点”，并要求助手复述确认。同时建议在每日首次对话时，先让助手读取当日任务文件，核实待办事项清单。

（2）输出内容偏离预期框架

当用户给出明确的内容框架后，助手的输出结果却与预期不符，这通常是因为缺少“复述确认”环节。建议采用“先复述、再执行”的流程——在给出框架要求后，先让助手复述其理解的内容，确认无误后再下达执行指令，从而有效减少理解偏差对最终输出的影响。

除操作层面的问题外，Kimi Claw 当前版本还存在若干技术限制。一是部分设有反爬虫机制的网站会拦截助手的访问请求，导致数据抓取失败或不完整；二是助手生成的图表等文件，其存储路径有时无法直接访问，用户可能需要通过替代方式获取；三是任务执行日志和故障处理的可见性有限，当定时任务异常时较难快速定位原因。因此，在设置重要任务时，建议同步建立人工复核机制，定期检查执行状态与输出结果，确保关键流程的稳定运行。

10.2 云部署方案：追求控制进阶选择

对于希望在部署灵活性和系统控制力方面获得更大空间的用户而言，阿里云提供的 OpenClaw 专属应用镜像是一个值得关注的进阶方案。OpenClaw（原 Clawdbot/Moltbot）是一套成熟的AI智能体框架，而阿里云为其预置的服务器镜像，将原本烦琐的环境配置、依赖安装等工作进行了高度封装。用户无须手动搭建复杂的运行环境，只需通过轻量应用服务器即可快速部署一个 7×24 小时在线运行、支持自然语言驱动的自动化AI助手。相较于 Kimi Claw 的全托管模式，这一方案在赋予用户更高自主权的同时，仍然保持了较低的操作门槛。

10.2.1 核心部署流程（基于轻量应用服务器）

整个部署的核心思路，是购买一台已经预装了 OpenClaw 镜像的阿里云轻量应用服务器，随后进行少量必要的配置即可投入使用。

◎ 步骤1：购买与创建实例

首先，需要访问阿里云 OpenClaw 专属部署页面，或者直接进入阿里云轻量应用服务器控制台（见图10-8）。在该页面中，我们可以根据实际需求选择合适的服务器规格并完成购买。轻量应用服务器是阿里云面向轻量级应用场景推出的云服务器产品，其操作界面相较于传统的 ECS 云服务器更加简洁直观，非常适合技术基础有限的用户使用。

图 10-8　阿里云购买 OpenClaw 轻应用服务器

◎ 步骤2：关键配置参数的选择

在创建实例的过程中，有几项关键配置需要特别注意，如图10-9所示。在镜像选择环节，务必在“应用镜像”分类下找到并选择 OpenClaw 专属镜像，而非普通的操作系统镜像。选择应用镜像意味着服务器在创建完成后，OpenClaw 框架及其所需的全部运行环境将自动就绪，省去了手动安装和配置的步骤。

图 10-9　OpenClaw 服务器配置

在实例规格方面，内存是最需要重视的参数，必须确保所选规格的内存容量不低于 2GB。若选择仅有 1GB 内存的低配实例，OpenClaw 在运行过程中极有可能因内存不足而出现崩溃或异常退出的情况。至于 CPU 核心数和网络带宽，则可以根据实际的使用场景和预算灵活选择，一般而言，个人使用场景下的基础配置即可满足需求。

◎ 步骤3：地区选择

服务器所在地域的选择同样至关重要（见图10-10）。推荐优先选择美国、新加坡等海外地区。选择这些地区有两方面的优势：一是部署在海外地区的服务器无须进行ICP备案，可以省去备案审核的等待时间；二是 OpenClaw 的联网搜索功能在这些区域不受限制，能够正常访问外部网络资源获取信息。

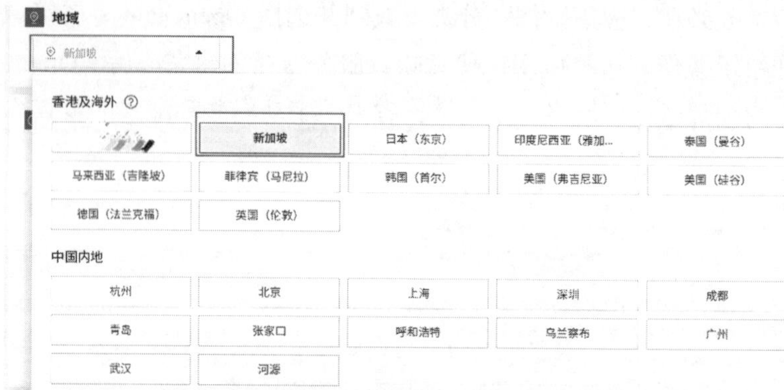

图 10-10　区域选择

◎ 步骤4：完成部署

以上配置确认无误并完成支付后，只需等待约1至2分钟，系统便会自动完成实例的创建和初始化（见图10-11）。当控制台中该实例的状态变为“运行中”时，即表示基础环境已部署完毕，服务器已经处于可用状态，用户可以进入后续的配置与使用环节。

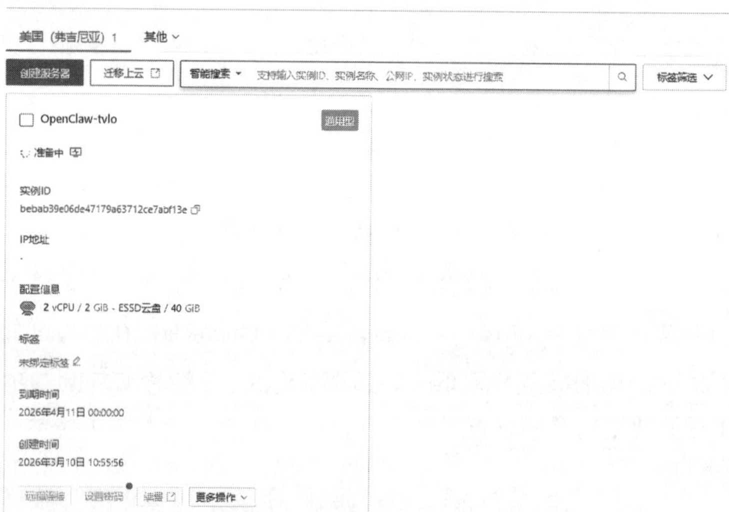

图 10-11　支付完成后

10.2.2　配置OpenClaw核心参数

当轻量应用服务器实例创建完成并进入“运行中”状态后，距离真正可用的AI助手还需要完成几项关键的核心参数配置。这些配置步骤将依次完成网络端口的开放、AI能力的接入以及管理凭证的获取，每一步都不可或缺。

◎ 步骤1：开放服务端口

第一步需要完成的是防火墙端口的放通操作（见图10-12）。在阿里云轻量应用服务器控制台中，进入对应实例的“应用详情”页签，找到“防火墙”模块并点击“添加规则”。OpenClaw 服务默认使用的通信端口通常为 18789，需要将该端口添加至防火墙的放行规则中。如果不执行这一步操作，即便服务器上的 OpenClaw 程序已经正常运行，外部设备也无法通过网络访问该服务，相当于大门虽在却未打开。端口放通是网络服务部署中的基础环节，其作用在于允许外部请求通过指定端口与服务器上的应用进行通信。

图 10-12　添加访问端口

◎ 步骤2：配置百炼 API Key

端口放通完成后，接下来需要为 OpenClaw 注入AI能力，这是整个配置流程中最为关键的一步。OpenClaw 本身是一个智能体运行框架，它需要通过对接大语言模型的API接口来获得理解和生成自然语言的能力，而阿里云百炼平台正是提供这一能力的后端服务。

首先，前往阿里云百炼控制台，在“密钥管理”页面中创建一个新的 API Key（见图10-13）。API Key 是一串用于身份验证的密钥字符串，OpenClaw 在调用大语言模型时需要携带该密钥，以证明其具备合法的调用权限。

图 10-13　阿里云百炼控制台添加 API Key

获取 API Key 后，返回轻量应用服务器的“应用详情”页面，找到“配置

OpenClaw”选项并点击“执行命令”（见图10-14），系统将启动初始化配置流程。在配置过程中，需要选择 API Key 的接入方式（见图10-15）。推荐使用“Coding Plan 套餐专属 API Key”模式，该模式采用固定月费计费方式，为用户提供一定额度的月度请求量，相较于按次计费的方式，成本更加可控且便于预算管理。系统会根据当前服务器所在的地域自动推荐适合的 API Key 配置，用户也可以根据自身情况手动输入已有的密钥。

图 10-14　初始化 OpenClaw 配置

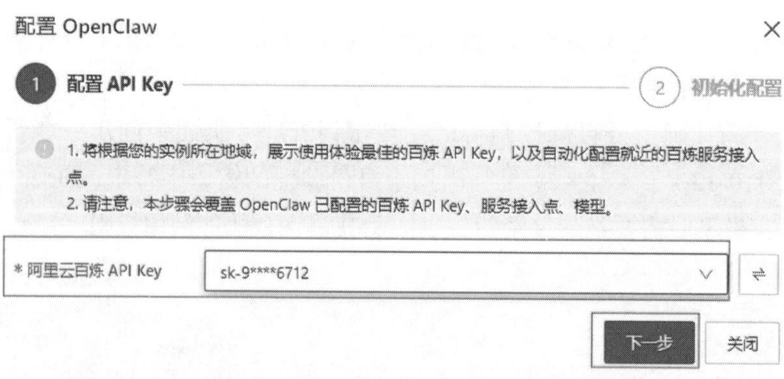

图 10-15　选择 API Key

配置信息提交后，系统将自动执行初始化操作（见图10-16），整个过程通常在数十秒内即可完成。当页面显示初始化完成的提示时（见图10-17），说明 OpenClaw 已成功对接百炼平台的AI能力，具备了处理自然语言指令的基础条件。

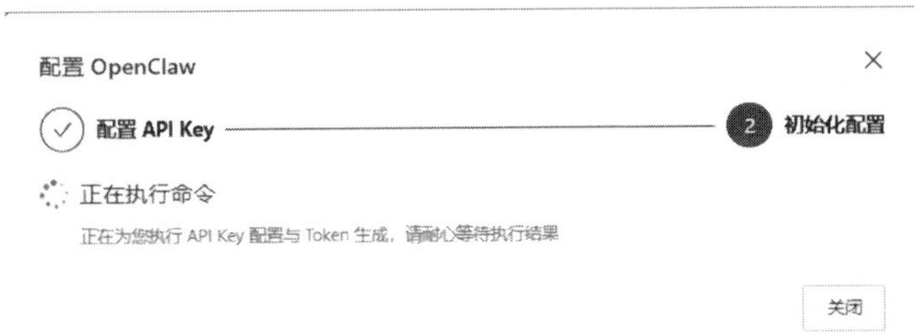

图 10-16　自动初始化

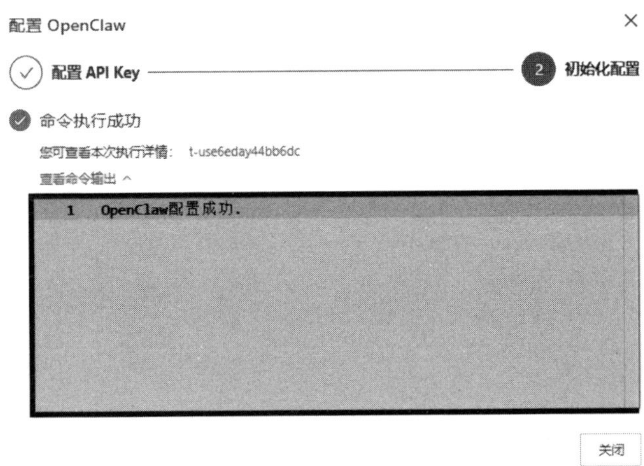

图 10-17　初始化完成

◎ 步骤3：获取访问地址与管理员 Token

最后一步是获取用于访问 OpenClaw Web 控制台的地址和管理员凭证。在“应用详情”页面中，找到“访问 Web UI 面板”区域，点击右侧的“获取地址”按钮（见图10-18）。系统将生成一个形如 http://服务器公网IP:端口号/token 的完整访问链接。获取成功后，该地址将显示在页面上（见图10-19），通过浏览器打开此链接即可进入 OpenClaw 的 Web 管理界面。

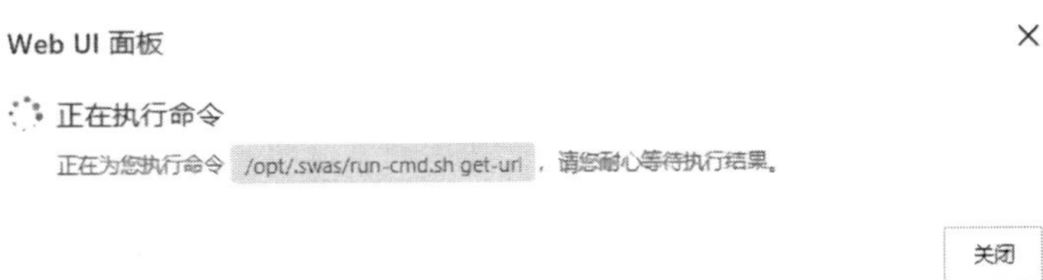

图 10-18　第一次初始化地址

图 10-19　获取成功后的界面

此外，还需要在“查看 Token”选项中执行命令，以获取管理员 Token 并妥善保存。Token 是系统分配的身份认证令牌，持有该令牌即拥有对 OpenClaw 实例的完整管理权限。因此，包含 Token 的完整 URL 地址务必严格保密，切勿在公开场合或不安全的渠道中泄露，否则可能导致他人获得对该AI助手的完全控制权限，带来数据安全方面的风险（见图10-20）。

图 10-20　访问阿里云轻应用 OpenClaw

至此，OpenClaw 的核心参数配置已全部完成，用户可以通过浏览器访问 Web 控制台，开始正式使用和管理自己的云端AI助手。

10.3　本地部署CoPaw

CoPaw 是阿里通义实验室于2025年2月正式开源的一款桌面智能体工具，其定位是成为用户的个人数字助理。与传统的聊天机器人不同，CoPaw 具备理解用户意图并通过调用各类工具自主执行复杂桌面任务的能力。例如，用户只需用自然语言描述需求，CoPaw 便能自动完成文件整理、数据查询、文档编写等操作。该工具的核心优势体现在三个方面：部署门槛低，即便是非技术背景的用户也能顺利完成安装；原生适配国内办公生态，能够与飞书等主流协作平台深度集成；同时支持本地与云端双轨部署，用户可根据自身的隐私需求和硬件条件灵活选择运行方式。

安装步骤如下：

◎ 步骤1：安装前的准备工作

在正式开始安装之前，有两项准备工作必须完成。第一，需要确保使用正确的命令行终端。在 Windows 系统中，应打开系统自带的 PowerShell（可通过快捷键 Win+X 调出系统菜单后选择），而不能使用传统的 CMD（命令提示符）。PowerShell 与 CMD 虽然在外观上相似，但二者在命令语法和功能支持上存在显著差异，CoPaw 的安装脚本依赖于 PowerShell 的特定功能，使用 CMD 将导致安装失败。第二，我们需要准备合适的网络环境，以确保安装过程中所需的各项依赖组件能够顺利下载，避免因网络连接问题导致安装中断。

◎ 步骤2：极简安装 CoPaw

CoPaw 提供了两种安装方式供用户选择。推荐使用的第一种方式允许用户自定义安装路径，避免占用系统盘空间。具体操作是在 PowerShell 中先输入以下命令设置安装目录：

```
$env:COPAW_HOME="D:\Tools\CoPaw"
```

上述路径中的 D:\Tools\CoPaw 仅为示例，用户可根据实际情况修改为任意目标目录。设置完成后，复制并执行一键安装命令：

```
powershell -c "irm https://copaw.dev/install.ps1 | iex"
```

第二种方式则更为简单，无须设置路径，直接执行上述安装命令即可，系统将默认安装至 C 盘。

在安装过程中需要特别注意以下几点：安装脚本会自动下载 uv 包管理工具及其他依赖组件，若未开启代理，下载速度可能非常缓慢，但无论速度如何，切勿在安装过程中关闭终端窗口，否则将导致安装中断且可能产生残留文件。此外，安装完成后务必关闭当前的 PowerShell 窗口，重新打开一个新的终端，以确保安装过程中写入的环境变量能够正确生效。如果跳过这一步骤，后续的命令可能无法被系统识别。

◎ 步骤3：初始化配置

在新打开的 PowerShell 终端中，执行以下命令完成 CoPaw 的初始化：

```
copaw init --defaults
```

执行该命令后，终端会首先显示一段安全说明文字，详细告知用户在使用过程中需要注意的安全事项。阅读完毕后，当终端出现“Have you read and accepted the security notice above?”的提示时，输入大写的 YES 并按回车键，即可完成初始化流程。此处需要注意，输入时必须使用大写字母，输入小写的“yes”将不被系统接受。

◎ 步骤4：启动 CoPaw

初始化完成后，在同一个 PowerShell 终端中执行以下命令即可启动 CoPaw 应用：

```
copaw app
```

这是基础启动方式，系统将使用默认端口运行服务。启动成功后，终端会显示一个本地访问地址（通常为 http://127.0.0.1:8088），在浏览器中打开该地址即可进入 CoPaw 的网页控制台。

如果默认端口与本机其他服务存在冲突，或者希望从局域网内的其他设备访问 CoPaw，可以使用自定义参数启动。修改端口号的命令为：

```
copaw app --port 9090
```

若需要允许同一局域网内的其他设备（如手机或另一台电脑）访问该服务，则需要同时指定主机地址：

```
copaw app --host 0.0.0.0 --port 9090
```

需要特别强调的是，CoPaw 的服务进程依赖于当前的 PowerShell 窗口，一旦关闭该窗口，服务将立即终止，网页控制台也将无法访问。因此在使用过程中，应始终保持该终端窗口处于打开状态。

◎ 步骤5：配置大模型 API

CoPaw 作为智能体框架，需要对接大语言模型才能获得自然语言理解与生成能力。这一配置步骤在网页控制台中完成。打开浏览器访问前一步骤中获取的控制台地址，点击页面左下角的“模型”选项，进入模型配置页面。

在此页面中，需要填写所选大模型服务商提供的Base URL和API Key。CoPaw 兼容多种主流大模型服务，包括阿里云百炼、OpenAI、DeepSeek 等，用户可根据自身需求和预算选择合适的服务商。点击“添加提供商”后，将对应的 Base URL（即模型服务的接口地址）和API Key（身份验证密钥）填入相应字段并保存。

随后点击“添加模型”，输入具体要使用的模型名称（例如 gpt-4 或 qwen-max 等），保存后配置即刻生效，CoPaw便具备了完整的AI对话与任务执行能力。

◎ 步骤6：接入飞书

CoPaw 支持与飞书平台深度集成，配置完成后，用户可以直接在飞书的对话界面中与 CoPaw 进行交互，实现在日常办公工具中无缝调用AI助手的体验。整个接入过程涉及飞书开放平台和 CoPaw 控制台两端的配置。

首先，在飞书开放平台上创建一个企业自建应用，创建完成后，记录该应用的 App ID 和 App Secret，这两项信息将在后续步骤中使用。

接着，在该应用的设置页面中启用“机器人”功能，并进入“权限管理”模块。CoPaw 需要一系列特定权限才能正常访问飞书中的文档、消息等资源，需将文档中提供的完整 JSON 格式权限代码导入权限配置中，可以一次性完成所有必要权限的申请。

在事件回调配置方面，进入应用设置中的“事件与回调”页面，将订阅方式设置为“长连接”模式，并添加和订阅“接收消息 v2.0”事件。长连接模式的优势在于无须额外配置公网回调地址，飞书平台会主动将消息推送至 CoPaw，简化了网络配置的复杂度。

以上配置完成后，在飞书开放平台中为该应用创建版本并提交发布。审核通过后，在飞书客户端的“工作台”中搜索并添加该机器人应用。

最后，回到 CoPaw 的网页控制台，点击“频道”选项，找到飞书对应的配置项，将之前记录的 App ID 和 App Secret 填入相应字段，保存并启用。至此，飞书与 CoPaw 的对接工作全部完成。可在飞书的对话界面中向该机器人发送一条测试消息，若收到正常回复，则说明整个接入流程已成功完成，后续即可在飞书中随时调用 CoPaw 执行各类任务。

国产AI智能体生态围绕Claw协议已形成多元化格局，主要涵盖三种部署路径。Kimi Claw作为云端托管方案，支持免代码一键部署，具备长期记忆、定时任务、技能扩展等能力，适合零基础用户快速上手，但测试阶段仍存在任务遗忘等问题需注意。阿里云OpenClaw镜像方案则面向进阶用户，通过轻量应用服务器实现云端自建部署，在保持较低门槛的同时赋予用户对环境配置的完整控制权，但需接入百炼平台API获取大模型能力。阿里通义实验室开源的CoPaw专注本地部署，支持命令行快速安装，兼容多种主流大模型，并可与飞书等办公平台深度集成，满足隐私敏感和桌面自动化场景的需求。三种方案分别对应不同技术水平和业务场景，共同构成了当前国产Claw生态从入门到专业的完整解决方案体系。

10.4 ArkClaw的安全与效率之道

在上述内容中，已介绍面向零基础用户的Kimi Claw云端托管方案、进阶用户的阿里云OpenClaw自建部署方案，以及本地隐私场景的CoPaw桌面部署方案。这三种方案虽覆盖不同层级用户需求，但企业级应用场景中，仍有未被充分满足的核心诉求，即如何在保持便捷性的同时，兼顾数据安全合规、系统高可用及大规模并发承载能力。火山引擎于2026年3月上线的ArkClaw，针对这一市场空白推出企业级云端SaaS智能体产品。

ArkClaw在业内被称为字节版的“龙虾”，与开源项目OpenClaw同属国产类Claw协议生态，但产品定位有本质差异。OpenClaw是面向开发者的开源智能体框架，强调个人尝鲜与本地部署灵活性，适合有一定技术能力的用户深度定制。而ArkClaw定位为“安全方舟+高效力”的企业级托管服务，旨在为企业提供稳定、安全、无需运维的AI智能体运行平台，解决开源方案在企业落地时环境配置复杂、安全合规不足、运维成本高昂等难题。

10.4.1 核心优势与差异化竞争力

ArkClaw围绕纯云端托管设计，有零门槛、免配置、全天候在线三大核心特征，理解这些有助于把握其在国产Claw生态中的独特价值。

在使用门槛上，ArkClaw真正开箱即用。用户无需本地安装客户端软件，也不用申请和配置API密钥，通过网页浏览器访问官方地址或火山引擎官网产品列表就能进入控制台。新用户注册后可在控制台用自然语言下达任务指令，计算与执行都在云端完成。关闭浏览器窗口，任务也不中断，下次登录可查看进度与结果。这消除了开源版本本地部署的痛点，让非技术背景业务人员也能独立使用AI助手。

与Kimi Claw主打云端托管便捷体验不同，ArkClaw在安全合规上投入多，这是其面向企业市场的核心竞争壁垒。平台通过等保三级和ISO 27001等安全认证，数据传输与存储用AES - 256 - GCM加密算法，支持租户级数据隔离与全量操作审计。全量操作审计会完整记录用户指令、系统响应和数据访问行为，便于企业溯源排查。这些安全机制使ArkClaw能满足强监管行业数据保护要求，是开源自建或其他轻量级云端方案短期内难以达到的合规水平。

在系统稳定性与性能承载方面，ArkClaw依托字节跳动技术基础设施，采用三地五中心多活容灾部署架构。服务在五个不同地理位置的数据中心运行，单一数据中心故障时，其他中心能迅速接管服务，确保业务连续。平台还支持根据业务负载自动扩缩容，高峰期增加计算资源，低谷期释放多余资源，日均可承载千万级对话量，能满足中大型企业规模化使用需求。

10.4.2 模型生态与技能体系

智能体平台实际能力上限很大程度上取决于底层对接大语言模型质量和可调用技能丰富度，ArkClaw在这两方面深入布局。

在模型层面，ArkClaw与字节自研的豆包大模型系列深度协同，尤其Seed 2.0 Pro模型在复杂推理等方面表现突出，能应对企业多环节串联任务。同时，ArkClaw兼容Kimi、MiniMax、GLM等多家主流第三方大模型，开放兼容策略让用户可根据任务特征灵活选择模型，在效果与成本间取得平衡，如数据分析任务选推理强的模型，文档生成需求用轻量级模型。

在技能体系方面，ArkClaw平台内置海量覆盖多场景的预置技能，包括代码生成等常见办公自动化能力。技能是智能体可调用的功能模块，用户用自然语言描述需求时，智能体自动判断调用技能并按顺序执行。用户除用内置技能，还能自定义新技能或导入已有技能包，扩展智能体能力边界。“预置＋自定义”双轨机制使ArkClaw既能满足通用办公需求，也能适配垂直行业专属业务流程。

10.4.3 使用方式与快速上手

与CoPaw等产品不同，ArkClaw无独立桌面或移动端应用，操作通过网页端完成，也可经API调用。这与它纯云端托管的产品定位相符，因计算和任务执行都在云端，用户用浏览器交互即可，无需本地安装维护软件。

其使用流程简洁：先通过浏览器访问ArkClaw官网，或在火山引擎官网产品列表中点击进入；接着用火山引擎账号注册或登录，新用户按提示填信息；登录成功后进入控制台主界面，在对话框输入自然语言指令，智能体自动解析意图、调用技能执行任务。全程无需配置服务器、申请API密钥、选择模型参数，平台封装技术细节，用户专注描述需求。

对于有API集成需求的企业用户，ArkClaw提供标准化接口文档，支持将智能体能力嵌入企业业务系统等。通过API调用，企业无需改变现有IT架构，就能将AI自动化能力融入日常业务，实现从“人找工具”到“工具主动服务人”的转变。

10.4.4 适用场景与选型建议

ArkClaw产品特性决定其最佳适用场景为对安全合规有明确要求、对系统稳定性有刚性需求且希望以最低运维成本获得AI自动化能力的企业级用户。具体来说，金融机构、医疗健康企业、政务部门等受强监管组织，可借助其安全认证体系通过内部合规审查；中大型企业IT部门评估AI智能体方案时，其高可用架构和自动扩缩容能力能降低运维风险和人力投入；业务团队中缺技术人员支持的部门，可利用其零门槛网页端交互方式自主完成日常办公任务自动化配置。

将ArkClaw放在国产Claw生态中进行横向比较，其定位更清晰。若Kimi Claw面向想快速体验AI Agent能力的个人用户，阿里云OpenClaw镜像服务于追求环境控制力的技术型用户，CoPaw满足本地部署与隐私保护需求，那么ArkClaw填补的是企业级规模化部署这一关键环节。它牺牲自建部署灵活性，换取更高层次安全保障、稳定性承诺和运维便利性，这种取舍对企业用户决策往往合理且必要。

至此，国产Claw生态已形成覆盖完整用户光谱的产品矩阵，从面向个人的零门槛云端托管，到面向技术用户的云端自建部署，再到面向隐私场景的本地桌面部署，最后到面向企业的安全托管服务。不同背景、规模、需求的用户都能在该生态中找到匹配解决方案，这是国产AI智能体基础设施走向成熟的重要标志。

国产AI智能体生态围绕Claw协议已形成四层产品矩阵：Kimi Claw主打云端托管与免代码一键部署，具备长期记忆、定时任务等能力，适合零基础用户快速体验；阿里云OpenClaw镜像方案通过轻量应用服务器实现云端自建，赋予用户对环境配置的自主控制权；CoPaw作为阿里通义实验室的开源桌面工具，支持本地部署并可与飞书深度集成，满足隐私敏感场景需求；ArkClaw由火山引擎推出，凭借等保三级认证、多中心容灾架构和自动扩缩容能力，填补了企业级安全合规托管的市场空白。四种方案分别对应个人体验、技术自建、本地隐私与企业合规四类需求，共同构成了国产Claw生态从入门到企业级的完整解决方案体系。

附录　核心术语与概念速查手册

在阅读本书的过程中，我们会频繁接触到大量与Agent（智能体）、大语言模型（LLM）以及相关工程化实践有关的专业术语。为了帮助不同背景的读者快速建立统一的认知框架，本附录将全书涉及的关键术语与核心概念进行系统性整理，按照逻辑层次从底层基础到上层应用逐一梳理，供随时查阅。

一、大语言模型与基础能力层

大语言模型是智能体系统的“大脑”，是经海量文本数据训练的深度神经网络，具备理解自然语言、生成文本、逻辑推理等能力。主流大语言模型有OpenAI的GPT系列、Anthropic的Claude系列及国产的文心一言、通义千问、DeepSeek等。

Token是大语言模型处理文本的基本单位，是模型按分词算法切分的最小语义单位。理解Token概念很重要，它影响模型输入长度限制（上下文窗口）和调用成本，API调用费用按输入和输出Token数量计算。

上下文窗口指大语言模型一次推理中能“看到”的最大Token数量，包含系统提示词、用户输入、历史对话记录和模型输出。当对话超过窗口限制时，最早的信息会被截断，设计Agent时需合理规划窗口使用，避免信息丢失，从而导致任务出错。

推理指模型接收输入并生成输出的计算过程，每次请求响应都是一次推理，其速度和质量受模型规模、硬件资源和请求参数（如温度值、最大Token数等）影响。

温度是控制模型输出随机性的参数，温度值低（接近0），输出更确定且保守；温度值高（接近1甚至更高），输出更随机且有创造性。在Agent场景中，建议设置较低温度值，确保工具调用和任务执行的稳定和可预测。

幻觉是大语言模型的固有缺陷，指生成看似合理但实际错误或虚构的内容，在Agent系统中很危险，可能导致任务链失败。本书通过Skills的确定性执行和结构化Prompt设计来降低幻觉风险。

二、智能体核心架构层

智能体指具备自主决策和执行能力的AI系统，能理解用户意图，自主选择工具、规划步骤、调用服务以完成工作目标，与聊天机器人不同，它强调“执行力”，能产生实际操作结果。

Prompt（提示词）是发给大语言模型的文本指令，在Agent架构中比日常使用ChatGPT时输入的问题复杂，包含角色定义等丰富内容，可理解为Agent的“大脑操作系统”。

System Prompt（系统提示词）是特殊Prompt，对话前设定，可定义Agent行为模式等，对模型有更高优先级的指导作用，是OpenClaw框架配置Agent行为的核心入口。

Skills（技能）是Agent可调用的独立功能模块，封装具体操作能力，与Prompt的区别在于，Prompt输出有不确定性的文本，Skills执行确定性程序逻辑，完成精确操作时应调用Skills。

MCP（模型上下文协议）是Anthropic提出的开放标准协议，为大语言模型与外部工具交互提供统一接口规范，类似AI世界的“USB接口”，降低集成外部能力的工程复杂度。

Tool Calling（工具调用）和Function Calling（函数调用）是大语言模型的关键能力，模型推理时识别使用外部工具的时机，生成调用请求，由外部系统执行该请求并返回结果，是Agent“干活”的核心机制。

Task Decomposition（任务分解）是Agent处理复杂任务的核心策略，即将复杂需求拆分成子任务逐一完成，其质量决定Agent处理复杂任务的能力上限。

Orchestration（编排）是对多个Skills、工具调用和决策步骤有序组织管理的过程。简单场景由模型通过Prompt引导完成，复杂场景借助专门引擎或框架，OpenClaw通过模块化设计提供灵活编排支持。

OpenClaw是本书实践的核心Agent开发框架，采用模块化设计，对接Prompt、Skills和MCP，为开发者提供从创建到部署的完整工具链。开发者可配置Prompt定义逻辑，注册Skills赋予执行能力，接入MCP扩展连接通道。在生态中，插件能快速为Agent接入平台渠道或扩展功能，无需编写适配代码；渠道作为交互入口，OpenClaw通过抽象层屏蔽差异，实现多平台复用。外部能力接入方面，MCP服务器供Agent调用，客户端负责连接，开发者指定地址即可对接。此外，流式输出可实时推送内容，提升交互体验，沙箱环境为开发测试提供隔离空间。

以上术语涵盖本书各层面。阅读各章节时，遇不熟悉概念，可翻阅附录获取定义参考。随着实践积累，这些术语将成为构建和优化Agent系统的基础工具。